W0250116

Vinzenz Baldus

Mein Gehalt zahlt der Kunde!

ISBN 978-3-9807324-5-1

1. Auflage 2014
© 2014 Alle Rechte vorbehalten

ServiceEdition
Der FachVerlag für ServiceQualität
Barrwiese 3
57627 Hachenburg
Fon. +49 (0) 26 61 - 94 96 30 – Fax +49 (0) 26 61 - 94 96 29
info@service-edition.de – www.service-edition.de

Gestaltung
PAGE & PAPER GmbH & Co. KG
Agentur für Kommunikation – Hachenburg
Layout und Satz: Marc Wisser
Umschlag: Christine Gückel
Lektorat: Sabrina Hümmerich

Portraitfoto Autor
HIGHLIGHT Fotostudio – Bianca Richter – Hachenburg

Druck und Bindung:
CPI – Clausen & Bosse – Leck

Vinzenz Baldus

Mein Gehalt zahlt der Kunde!

VERLAG
SERVICE
EDITION

Kunden bleiben dem treu,
der sie am besten betreut!

Vielen Dank ...

... dass ich aus Gründen der Lesbarkeit darauf verzichten darf, die gender-korrekte weibliche und männliche Form immer und überall gleichzeitig zu verwenden.
Außerdem liebe ich es, zusammengesetzte Hauptwörter (Substantive) mit Bindestrich in ihre Bestandteile aufzugliedern, um deren einzelne Bedeutung besonders deutlich zu machen, z.B. Mit-Arbeiter oder Arbeit-Geber.
Wort-Kombinationen mit „Service“ und mit „Kunden“ schreibe ich, ihrer großen Bedeutung entsprechend, ebenfalls in besonderer Weise, so z.B.: „ServiceQualität“ und „KundenBetreuung“.
Auch den Begriff „DienstLeistung“, um die beiden Wort-Bestandteile besonders deutlich zu betonen.

Vinzenz Baldus
Der ServiceCoach

Schule/Ausbildung/Qualifikation
Geb. 1950 – Fachhochschulreife
Industriekfm. (IHK) – Fachkfm. für Marketing (IHK)
Inh. Wirtsch.-Diplom, Betriebswirt (VWA)
Zertifizierter BusinessCoach, Trainer & Texter

Berufserfahrung
Vertriebsassistent Deinhard, Koblenz (1973-1975)
Leiter Vertrieb Rastal, Höhr-Grenzhausen (1975-1981)
GF-Gesellsch. AJB-Werbeagentur, Montabaur (1981-1987)
Seit 1987 selbstständig als **Der ServiceCoach**
Seit 2010 Leiter der VerbundZentrale **Die ServiceSchule**
Seit 2012 Leiter FachVerlag **ServiceEdition**

Auszeichnung
CONGA AWARD 2008 – TOP 10 EventReferenten

Vorwort
Erich Stadler

Gründer und Inhaber der Akzepta Group
Initiator der ServiceInitiative Leitbetrieb

„Vinzenz Baldus schließt mit seinem neuen Buch eine Lücke: Es ist das erste Buch zum Thema Servicebegeisterung, das sich in erster Linie nicht nur an Unternehmer und Führungskräfte, sondern direkt an die Mitarbeiter wendet. Denn Persönliche ServiceQualität ist einer der wichtigsten Wachstumstreiber, heute und in Zukunft. Doch ServiceBewusstsein und Kundenorientierung lassen sich nicht verordnen. Es kommt auf jeden einzelnen Mitarbeiter an. Jeder Mitarbeiter muss wissen, dass sein Gehalt letztlich der Kunde zahlt. Und er muss dementsprechend handeln. Nicht widerwillig, sondern aus Überzeugung.

Einmal mehr gelingt es Vinzenz Baldus in diesem Buch hervorragend, dies zu verdeutlichen. Er macht klar, wie unverzichtbar die Bereitschaft zur DienstLeistung ist. In seiner unnachahmlichen, pointierten und anschaulichen Art bricht der „ServiceCoach“ eine Lanze für die Persönliche ServiceQualität von Mitarbeitern. Erfrischende Offenheit und Denken ohne ideologische Scheuklappen sind Markenzeichen von Vinzenz Baldus. In einer Zeit, in der die veröffentlichte Meinung unter der Knute der politischen Korrektheit immer einförmiger wird, braucht es mehr denn je Menschen, die Wahrheiten aussprechen, auch wenn diese unbequem sind.

Vinzenz Baldus scheut sich nicht, die Dinge auf den Punkt zu bringen. Er benennt gesellschaftliche Fehlentwicklungen und deren Folgen, manchmal auch bewusst provokant. Baldus belässt es freilich nicht bei schonungsloser und treffsicherer Analyse, sondern zeigt auch, wie sich Persönliche ServiceQualität ganz praktisch mit Leben erfüllen und in die Tat umsetzen lässt. Er erklärt, worauf es ankommt, damit Mitarbeiter ihre individuelle ServiceQualität weiterentwickeln und davon auch selbst, ganz persönlich, enorm profitieren.

Dieses Buch ist ein wichtiges Buch: mit scharfsinnigen Einsichten, spannenden Schlussfolgerungen und mit dem Blick nach vorne – denn den DienstLeistern gehört die Zukunft!“

Erich Stadler
im Oktober 2013

Inhalts-Verzeichnis

Inhalts-Verzeichnis

Einstimmung

Das PSQ-Modell!

Das PSQ-Modell ist das Leitbild für Ihren persönlichen Erfolg! Denn der Grad Ihrer **Persönlichen ServiceQualität** wird zum entscheidenden Karriere-Faktor Ihrer beruflichen Zukunft werden. Industrie-Unternehmen, Hotel- und Tourismus-Betriebe, gewerbliche und freiberufliche DienstLeister werden deutlich erfolgreich-ER sein, wenn sie immer weniger „Beschäftigte“ und immer mehr „**Mit**-Arbeiter“, „**Mit**-Gestalter“, „**Mit**-Unternehmer“ mit hohem PSQ-Faktor in der Kunden-, Gäste-, Mandanten-, Klienten- und Patienten-Betreuung einsetzen:

- ❑ **Menschen** mit sehr hoher Persönlicher ServiceQualität, die wissen, dass die Kunden ihre eigentlichen Arbeit-Geber sind und ihr Gehalt bezahlen,

- ❑ **Menschen**, denen man geradezu abspürt, dass sie gerne, mit Leib und Seele, DienstLeister sind,

- ❑ **Menschen**, die keinen Dienst nach Vorschrift leisten, sondern DienstLeistung in Bestform:
  aufmerksam- ER
  interessiert- ER
  motiviert- ER
  kompetent- ER
  kommunikativ- ER
  kooperativ- ER
  lösungsorientiert- ER

Nutzen Sie die Impulse der **7 Stufen des PSQ-Modells** zur Weiter-Entwicklung Ihres PSQ-Faktors, Ihrer Persönlichen ServiceMarke:

1. Vision
Mein ServiceVerständnis!

2. Motivation
Meine ServiceEnergie!

3. Kondition
Mein ServiceProfil!

4. Kommunikation
Mein ServiceDialog!

5. Kooperation
Mein ServiceTeam!

6. Innovation
Meine ServiceIdeen!

7. Aktion
Meine ServiceEntwicklung!

Vor jedem einzelnen Kapitel finden Sie jeweils eine Reihe von Fragen, die Sie in das Thema einstimmen und Ihnen helfen zu erkennen, wie Sie im Moment den Themen-Komplex sehen. Sie können sich dabei gleich selbst einen eigenen **„Status“** geben.

Um Ihnen zu jedem Kapitel einen schnellen Überblick zu ermöglichen, finden Sie Zusammenfassungen und wichtige Empfehlungen immer in einem grau unterlegten Feld. Dann wissen Sie gleich, welche Inhalte Sie in der „Text-FeinStruktur“ erwarten Viel Spaß!

Ich bin eine Persönlichkeit!
Kein Personal!

I. Vision
Mein ServiceVerständnis!

Mein Verständnis von Wirtschaft, Markt und Marken.
Mein Bild von den Kunden und ihren Bedürfnissen.
Mein Selbstverständnis, mein Bild von meiner Aufgabe!

- ❑ Welches Wissen und Verständnis habe ich rund um das Thema Wirtschaft – insbesondere um das Thema DienstLeistungs-Wirtschaft?
- ❑ Wie sehe ich Unternehmen im Allgemeinen – und unser Unternehmen im Besonderen – und unseren eigenen Unternehmer und Investor?
- ❑ Welche speziellen Probleme, Wünsche, Bedürfnisse haben meine Kunden?
- ❑ Wie sehe ich meine Kunden – was bedeuten sie für mich, mein Leben, meinen Beruf? Mag ich sie? Wertschätze ich sie als meine eigentlichen Arbeitgeber?
- ❑ Was erwarten meine Kunden/Zielgruppen von unserem Unternehmen – und von mir persönlich?
- ❑ Was ist meine Aufgabe, welche Bedeutung hat mein Beruf, meine DienstLeister-Tätigkeit, für mich?
- ❑ Was ist mein Selbstverständnis als DienstLeister?
- ❑ Was haben andere Menschen davon, dass es mich gibt?

1.1 Die Zukunft ruft!

Der Begriff **VISION** steht in diesem Kapitel als Sammelbegriff für: **Meine Sicht der Dinge!** Sprich: Ihre Sicht der Dinge! Denn nur auf diese kommt es an.

Als Autor dieses Buches diene ich Ihnen lediglich als Coach dabei, verschiedene Sichtweisen einzunehmen. Welche Sichtweise Sie selbst letztendlich einnehmen, ist und bleibt dann alleine Ihre eigene Sache. Ihre Entscheidung nimmt Ihnen niemand ab. Weder der Staat, noch das Unternehmen, in dem Sie zurzeit arbeiten oder später einmal arbeiten wollen und werden. Und auch nicht ich, als Ihr Coach.

Die Zukunft heisst: DienstLeistung!
Dienen mit Leistung = DienstLeistung! Es geht um Ihr ganz persönliches Verständnis dieser Gleichung. Um ihre Bedeutung für Ihr eigenes Leben. Denn die Bedeutung dieser Gleichung für unser aller Existenz werden wir hoffentlich in den nächsten Jahrzehnten immer mehr erkennen, verstehen und danach handeln.

Wir stehen am Beginn einer neuen Epoche der DienstLeistung, in einer weltweit kooperierenden Gesellschaft, die versteht, dass Wirtschaft nicht alles ist, aber ohne Wirtschaft alles nichts!

Es geht um die Persönliche ServiceQualität von Spezialisten, die sich, weltweit vernetzt, ganz gezielt, kompetent und engagiert um intelligente Lösungen der vielfältigen Probleme, um die intelligente Befriedigung der vielfältigen Bedürfnisse der Menschen auf allen Kontinenten kümmern. Die Persönliche ServiceQualität wird zum entscheidenden Faktor im Wettbewerb um einen attraktiven Arbeitsplatz. Zukunft in der neuen DienstLeistungs-Gesellschaft haben nur Menschen mit einem hohen PSQ-Faktor, sprich

Menschen mit einer hohen Problemlösungs- und gleichzeitig Sozial-Kompetenz. Die Zeiten der rückwärts gerichteten, reinen Markt-Verwalter und Bürokraten sind vorbei. Die Zeiten der zukunftsgerichteten Markt-Gestalter beginnen gerade erst. Ihre Zukunft heisst: Service! Wenn Sie meinen, Service habe etwas mit Unterwürfigkeit, mit Niedriglohnsektor zu tun, dann sind Sie nicht auf dem neuesten Stand. Service ist die ganzheitliche Betreuung einer Zielgruppe von Menschen durch Produkte, Prozesse und Persönlichkeiten.

90% aller Bürojobs entfallen in den nächsten 20 Jahren!
Tom Peters, einer der bekanntesten und überzeugendsten WirtschaftsKommunikatoren unserer Zeit, provozierte die Welt bereits vor fünf Jahren mit dieser Weissagung – fünf Jahre sind also schon um – und wer genauer hinsieht, kann bereits feststellen, wie recht der amerikanische Experte schlussendlich haben wird:

90% aller Bürojobs sind reine Verwaltungsjobs. Da macht es keinen Unterschied, ob diese Verwaltung in einer Behörde oder in einem Unternehmen stattfindet. Die IT-Welt erobert die Büros, sogar die Schreibstuben der Verwaltungsbeamten. Deren Veränderungsdruck ist jedoch naturgemäß deutlich kleiner als der jener Menschen, die ihr Brot in der freien Wirtschaft verdienen. Diese müssen sich da schon sehr viel zukunftsorientierter aufstellen. Abwarten wird da nicht helfen. Hoffen auf den Staat auch nicht. Konsequentes eigenverantwortliches Handeln ist angesagt! Der Computer kann vieles sehr viel besser, schneller, genauer verwalten und berechnen, als das Menschen tun können. Diese Veränderungsschübe hält kein noch so menschlich verständliches Warnen von Gewerkschaften, Kirchen, Sozial-Verbänden und Sozial-Romantikern auf. Wer sich dem riesigen Tsunami entgegenstellt, Sandsäcke wirft und Dämme baut, wird ertrinken. Wir alle müssen lernen, auf dieser Welle der Veränderung zu surfen. Wir wissen alle, wie die historischen „Webstuhl- und Maschinen-Stürme“ verlaufen sind, jenes unselige Aufhalten-Wollen von Veränderungen im Laufe der Geschichte.

Bange machen gilt nicht!

Das denken sicher jetzt viele. Sie auch? Haben die berühmten Wirtschaftsweisen nicht immer schon dramatisch daneben gelegen mit ihren Zukunftsaussagen? Das war und ist doch nichts anderes als der berühmte Blick in die Glaskugel. Ja, das stimmt. Aber diese „Weisen aus dem Abendland" sind in der Regel reine Theoretiker. Professoren, die glauben, alles wissenschaftlich erklären zu können. Tom Peters dagegen ist Praktiker. Einer, der in erster Linie mit seinem Gesunden Menschen-Verstand arbeitet, obwohl er selbst auch mehrere Akademische Grade besitzt. Diese Kombination – hohe Bildung gepaart und multipliziert mit dem Gesundem Menschen-Verstand – das ist die Erfolgsformel der Zukunft schlechthin. Deshalb wollen wir diesen Gesunden Menschen-Verstand (in Österreich sagt man „Haus-Verstand" dazu) möglichst durchgängig in diesem Buch benutzen.

Veränderung ist Chance!

Schauen Sie sich doch um. Die neuen Technologien haben ja nicht nur Nachteile. Im Gegenteil. Die Zukunftsfrage kann also nicht lauten: Wie halten wir die Veränderungen auf? Sondern: Wie nutzen wir, wie nutze ich die Veränderungen der Zukunft für mich ganz persönlich, für meinen Beruf, für meine Existenz, für mein Leben? Welche neuen Perspektiven bieten sich mir in der Zukunft?

Gute Perspektiven für DienstLeister!

Die Perspektive für jene Menschen, die sich als DienstLeister verstehen, sind sehr viel besser als die der reinen Verwalter. Ungelöste Probleme, noch nicht befriedigte Bedürfnisse von Menschen und Unternehmen, sind der Treibsatz unserer Wirtschaft.

Uns allen, im Grunde genommen jedem einzelnen Unternehmen und jedem einzelnen Menschen, eröffnen sich dadurch Riesenchancen. Wir müssen diese Chancen jedoch auch nutzen! Dazu müssen wir sie zuerst einmal überhaupt wahrnehmen. Dieses

Buch will Ihren Blick dafür schärfen, damit Sie die Chancen sehen und wahrnehmen können. Und es will Ihnen helfen, diese Chancen zu nutzen! Dieses Buch will Ihnen vor allem bei der Weiter-Entwicklung Ihrer Persönlichen Marke, Ihrer DienstLeister-Qualität helfen. Ich schreibe das Wort Dienst**L**eistung ganz bewusst immer mit großem **L** in der Mitte, um Sie ständig daran zu erinnern, worum es geht, um:

„Dienen mit Leistung“!
Dazu werden Sie in diesem Buch eine Fülle von konkreten Anleitungen bekommen. Vor allem zu den Sichtweisen von Kunden, so dass Sie sich immer besser in ihre Lage versetzen können, dass es Ihnen mehr und mehr gelingt, die Welt aus der Sicht dessen zu sehen, für den Sie da sind, dessen Probleme Sie lösen, dessen Wünsche Sie erfüllen können und vor allem wollen. Je besser und engagierter Sie dienen, desto besser und mehr werden Sie verdienen. Ein Naturgesetz!

„Die Kunden sind meine Arbeit-Geber!“
Meine Kunden sind meine Arbeit-Geber! Meine Kunden sind meine Arbeit-Geber! Und noch einmal: Meine Kunden sind meine Arbeit-Geber! Ja, ich glaube, wir alle müssen uns das täglich mehrfach sagen: Meine Kunden sind meine Arbeit-Geber – denn nur sie zahlen letztlich mein Gehalt, sie sichern meine Existenz!

Machen wir uns das immer wieder neu bewusst. Sie und ich, wir alle müssen es wirklich ganz klar haben, dass nur sie, die Kunden, Arbeit und Geld in unser Unternehmen bringen. Niemand sonst! Alle anderen, auch Sie, auch ich, wir bringen einzig und allein Geld nach draußen – der Unternehmer, der Azubi, das Finanzamt, die Behörden, die Banken, die Versicherungen, die Kollegen, der Betriebsrat, die Marketing-Berater, die Steuerberater und Anwälte, die Stadtverwaltung, die Müllabfuhr und tausend andere „Geld-aus-dem-Unternehmen-heraus-Nehmer“!

Sekundär-Tugenden? Nein: Primär-Tugenden!
Wir alle werden auf unserem Kurs in die Zukunft viele der alten Werte neu entdecken müssen. Von Kindesbeinen an. In den Elternhäusern und in den Schulen. In Unternehmen und Institutionen. Die moderne Gesellschaft nennt diese alten Werte bezeichnenderweise „Sekundär-Tugenden". Es ist an der Zeit, dass wir diese wieder zu unseren Primär-Tugenden erklären. Denn sie haben das Wirtschafts-Wunder in den Nachkriegsjahren begründet:

- ❑ **Lust auf Leistung**
- ❑ **Hilfsbereitschaft**
- ❑ **Zuverlässigkeit**
- ❑ **Disziplin**
- ❑ **Fleiß**
- ❑ **Höflichkeit**
- ❑ **Wertschätzung**

Lassen Sie uns einen neuen Anlauf nehmen und die alten Werte wiederentdecken. Das wird nur dann flächendeckend gelingen, wenn wir nicht nur allgemein darüber reden, sondern wenn jeder Einzelne sich auf diese alten und bewährten Werte des sozialen, wirtschaftsbejahenden Zusammenlebens besinnt und versucht, sie in seinem eigenen Wirkungskreis, in seinem eigenen Verantwortungsbereich, in der eigenen Familie, im eigenen Beruf und im eigenen Freundeskreis umzusetzen und zu leben. Es wird dringend Zeit für eine Kultur, die geprägt ist von Menschen, die ein Höchtsmaß an Eigen-Verantwortung an den Tag legen. Dass wir alle wieder mehr danach fragen, welche Probleme andere Menschen haben und dann nach Lösungen suchen.

❑ **Wenn ich die Probleme anderer Menschen immer besser zu lösen bereit und imstande bin – schaffe ich mir damit eine sichere Existenz-Grundlage für mein eigenes Leben!**

1.2 Die Welle meiner Entscheidung!

Die Welle der Entscheidung ist das Bild, das Ihnen in diesem Buch immer wieder neu begegnen wird. Denn an diesem Bild können Sie sich Ihr ganz persönliches, Ihr geistiges, seelisches und körperliches Leben besonders anschaulich erklären.

Immer wieder müssen Sie in Ihrem Leben die Entscheidung treffen, ob Sie sich runterziehen lassen und damit untergehen wollen, oder ob Sie beginnen wollen zu schwimmen, wenn Ihnen das Wasser bis zum Hals steht. Lassen Sie los, was Sie nach unten zieht, damit Sie die Hände frei haben, um loslegen zu können. Halten Sie an nichts krampfhaft fest, von dem Sie wissen, dass es sehr gefährlich für Sie werden kann, vielleicht sogar lebensgefährlich.

Eigenes Handeln ist gefragt – und nicht Warten auf andere oder, was heute sehr in Mode gekommen ist: Lautes Rufen nach dem „Staat", der uns aus dem Wasser ziehen und retten soll. Unterhalb der Wasseroberfläche finden Sie keinen Sauerstoff zum Leben. Dort finden Sie bloß alles, was negativ ist im Leben: Die Last des Alltags – die Last, die Ihnen von Gästen, Kunden, Klienten, Patienten, Mandanten, Chefs und Kollegen aufgebürdet wird – der Frust, der dadurch entsteht, die Freudlosigkeit, die „Renten-Sehnsucht", der durch Stress und Burn-out drohende Frühtod.

Wir alle sind geschaffen, um oben im Sauerstoffbereich mit Lust, Liebe und Leidenschaft Leistung zu erbringen, dabei auch das Lernen immer wieder neu zu entdecken und somit die Wirtschaft weiter zu entwickeln – als die Existenz-Grundlage von uns allen.

Dieses Buch will Ihnen dabei helfen, sich alle Situationen, die Ihnen im persönlichen, privaten und besonders natürlich im Arbeitsleben begegnen, Probleme, die sich Ihnen stellen, mit all ihren Risiken und Chancen, jeweils bildhaft bewusst zu machen und sich dann immer wieder neu für die Nutzung Ihrer Chancen zu entscheiden!

Oberhalb der Wasseroberfläche befindet sich der Lebensbereich, der uns Menschen von Geburt an zugedacht ist. Sicher, alles Leben kommt aus dem Wasser, wir Menschen ja auch. Aber wir sind nicht geschaffen, um dauerhaft ohne Kiemen unter Wasser glücklich leben zu können, sonst wären wir dort geblieben. Wir brauchen den dauerhaften Sauerstoff zum Leben. Und der befindet sich nun mal nur oberhalb der Wasseroberfläche – dort findet Ihr Leben statt, dort befindet sich Ihr Gestaltungsraum, Ihr persönlicher Verdienst! Hier oben winken Ihnen die Karriere, Zufriedenheit und Glück, als Lohn Ihrer Leistung. Hier oben entsteht Ihre PersönlichkeitsMarke mit all ihrer Anziehungskraft auf andere Menschen, auf Kollegen und Freunde, auf Gäste und Kunden, auf Klienten und Patienten, auf Mandanten und alle anderen Auftrag- und Arbeit-Geber.

1.3 Der ServiceScan!

Die Welle der Entscheidung nennen wir aus Kundensicht auch gerne den ServiceScan! Damit prüft der Kunde, also auch Sie und ich, wenn wir woanders Kunden sind, die DienstLeistungs-Bereitschaft unseres Gegenüber.

Den ServiceScan lassen wir immer wieder in den ersten Sekunden – genauer: **innerhalb von 0,2 Sekunden (!)** – unseres Kontaktes mit einem DienstLeister von oben nach unten über ihn, über sie hinweg laufen – von Kopf bis Fuß. So finden wir ganz schnell heraus, wie er oder sie drauf ist, welche Einstellung er oder sie mitbringt – uns, den Interessenten, Käufern, Kunden, Gästen, Mandanten, Klienten und Patienten gegenüber. Der ServiceScan hilft dem Kunden ständig, wie er sich entscheiden soll: ob er Kunde werden oder bleiben – oder es doch besser bleiben lassen soll.

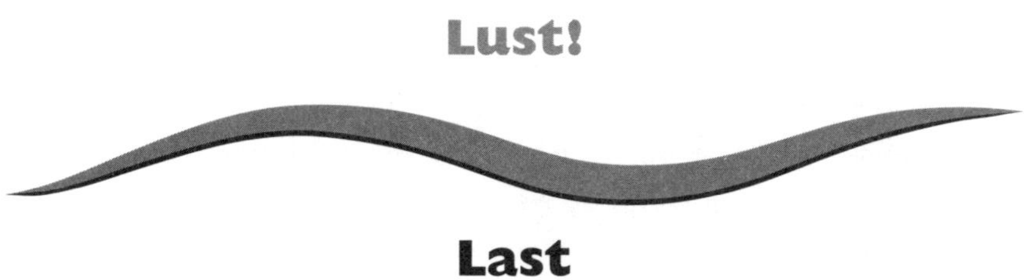

Der ServiceScan hilft dabei, die Lust von Menschen in der DienstLeistung zu messen. Er läuft ständig von Kopf bis Fuß über jede Person, die uns – so steht es oft im Prospekt, in der Werbung - beim Kaufen helfen will (oder nicht), die gerne ein Problem von uns lösen will (oder auch nicht), die uns einen Wunsch von den Augen ablesen will (oder auch nicht). Und manchmal fällt die Entscheidung schon sofort: „Ich will mich nur mal umsehen!“

Sie wie ich, alle Menschen, ganz gleich wo sie leben und arbeiten, ob in einer Industrienation oder in einem Naturstamm am Amazonas, wir alle tragen dieses Instrument in unserem Reptilienhirn mit uns herum. Es läuft pausenlos, ist immer im Dienst, hat nie frei, nie Ferien vom Ich. Der ServiceScan meldet meinem Bauch in Sekundenbruchteilen LAST oder LUST. Nichts sonst. Wenn er LAST meldet, dann werden meine Augen sofort kleiner, meine Wünsche und Bedürfnisse auch. Mein Magen schrumpft – um im Bild zu bleiben. Wenn der Scan LUST meldet, dann erhöht sich die Sogkraft des Angebotes, dann wächst auch meine Lust auf „Habenwollen".

Der ServiceScan funktioniert sogar am Telefon, denn er sieht auch durch eine Telefonleitung hindurch, wie der oder die DienstLeisterin am anderen Ende so drauf ist: DienstLeistungs-bereit! Oder: Nicht dienstleistungs-bereit! Ja, ich habe Lust auf Kunden! Oder: Nein! Ich habe keinen Bock auf Kunden, diese Störenfriede, die immer nur Sonderwünsche haben!

Wir spüren sofort, welchen Standpunkt er oder sie wahrscheinlich vertritt, ob es sich bei ihm oder ihr um einen dieser vielen unechten ServiceSchauspieler handelt oder um einen überzeugend echten, engagierten, eigen-motivierten ServicePartner oder eine derart positiv eingestellte ServicePartnerin.

Das ist der Lackmus-Test eines jeden Leitbildes, einer jeden KundenOrientierungs-Initiative. In vielen Unternehmen hängt das große Bekenntnis an der Wand: „Bei uns steht der Kunde im Mittelpunkt!" Und da das Bekenntnis nicht aus dem Herzen kommt, steht der Kunde in Wahrheit im Wege! In sehr vielen DienstLeistungs-Unternehmen besiegt die Bürokratie alle Lippenbekenntnisse zum Thema „KundenOrientierung". Moderne Digital-DienstLeister, rund um das Internet und die Telekommunikation, scheitern an ihren ganz einfachen analogen

Unzulänglichkeiten in der KundenBetreuung – an mangelnder Erreichbarkeit und Unpersönlichkeit. In vielen Unternehmen arbeiten Menschen, die guten Service nur spielen, also Service-Schauspieler sind. Und in wirklich guten, erfolgreichen Unternehmen verstehen sich Führungskräfte und Mitarbeiter als wirkliche ServicePartner, die alles tun, um die Probleme ihrer Kunden zu erkennen und sie zu lösen. Menschen, die sich was einfallen lassen, um die Bedürfnisse anderer umfassend zu befriedigen und die alles versuchen, um auch die ausgefallensten Wünsche in bester Weise zu erfüllen.

ServicePartner!

ServiceSchauspieler

In allen Großunternehmen herrschen dabei die gleichen Mißstände, ist die gleiche Bürokratie zu finden wie in einer großen Behörde. Heerscharen von Sach-Bearbeitern führen dort ihr Eigenleben. Diese Sach-Bearbeiter-Kultur ist nur sehr schwer durch eine partnerschaftliche KundenBetreuer-Kultur zu ersetzen. Denn hier war, ist und bleibt der Kunde ein Störenfried. Das ist der, der den Sozialen Frieden stört! Die Grabesruhe der „Beschäftigten". In wie vielen Unternehmen läuft schon am Nachmittag, so ab halb fünf, das Band: „Sie rufen außerhalb unserer Geschäftszeiten an!" Das muss man sich mal vorstellen! Ehrlicher wäre da doch der Text: „Sie rufen außerhalb unserer DienstLeistungs-Bereitschaft an!" Und besonders bezeichnend ist das „DienstLeistungs-Koma" jeden Freitag ab 14:00 Uhr in unzähligen Unternehmen in Deutschland und in Österreich. „Rufen Sie bitte am Montag wieder an!"

Der ServiceScan – die Welle der Entscheidung – sie sollte immer auch die Welle der Veränderung, der positiven Veränderung sein. Immer dann, wenn Sie sich irgendwie unter Wasser fühlen, hilft Ihnen dieses Instrument, gibt Ihnen den nötigen Auftrieb, führt Sie automatisch in den Sauerstoff-Bereich und dann zur richtigen Entscheidung. Und siehe da – Sie sehen wieder klar mit ungetrübtem Blick, Sie entdecken plötzlich neue Horizonte, Ihr Handeln bekommt wieder Sinn und Richtung und Sie spüren wieder die Lust aufs Leben, die Lust auf Leistung, die Lust auf Neues kennenlernen!

Die Welle der Entscheidung, der Veränderung und Neuorientierung – auch in ihrer Funktion als ServiceScan – wird Sie in all ihren Funktionen und Wirkungsweisen durch Ihr gesamtes künftiges Leben begleiten! Wetten?

Die Welle wird Sie nicht loslassen – können Sie sich selbst und anderen doch anhand dieser Welle das ganze Leben, das Geschäfts- und Berufsleben, das Familien- und ihr ganz eigenes Privatleben sehr deutlich machen. Einfach und auf den ersten Blick klar und unmißverständlich. So wie das Leben ist. Es ist immer nur deshalb so kompliziert, weil wir selbst es immer wieder kompliziert machen. Dabei funktioniert das Leben nach ganz einfachen Regeln. Um diese richtig anzuwenden, genügt ein einfacher Gesunder Menschen-Verstand – oder „Haus-Verstand“! Wissen ist aber nur dann Macht, wenn der Mensch etwas damit macht! Also:

❑ **Ich setze das Bild der Welle jeden Tag neu ein – ob als ServiceScan oder als Welle meiner Entscheidung – immer in Verbindung mit meinem Gesunden Menschen- oder Haus-Verstand.**

Dann verfügen Sie über die beste Voraussetzung für die Gestaltung eines erfolgreichen Lebens!

1.4 Meine Einstellung zur Wirtschaft!

Zu Ihrem ServiceVerständnis gehört auch ganz elementar Ihr persönliches Bild von der Wirtschaft im Allgemeinen und ihren ganz groben Zusammenhängen.

Vom Problem zur Lösung!
Ein alter (aber ewig jung gebliebener) Coaching- und Trainer-Weggefährte von mir, Dr. Dietrich Buchner, hat vor Jahren ein Buch geschrieben mit dem Titel: „Hurra, ich habe ein Problem!" Was auf den ersten Blick anmutet wie die Aussage eines hochgradig verwirrten Psychopathen, der in eine geschlossene Anstalt gehört, entpuppt sich als der Schlüssel zum Erfolg in der DienstLeistung überhaupt.

Für diejenigen DienstLeister, die sich konsequent mit all ihrem Können, mit all ihrer Leistungskraft darauf fokussieren, die Probleme anderer Menschen zu lösen, beginnen gute Zeiten! DienstLeistung bedeutet Lösung eines bestimmten Problems – ob eines kleinen oder eines größeren – spielt keine Rolle. Ohne die ungelösten Probleme bräuchten Menschen keine speziellen DienstLeister. Ohne spezielle Probleme würden pfiffige DienstLeister keine speziellen Lösungen finden, auf deren Grundlage sich Unternehmen gründen.

Ein Problem bleibt immer ein Problem!
Viele meiner Berufskollegen predigen seit Jahren, man solle eher nicht mehr von Problemen reden, weil dies ein negativer Begriff sei – man solle anstelle dessen von Herausforderungen sprechen. Ich halte das schlicht und ergreifend für falsch. Denn fest steht:

Die Lösung ist die Herausforderung!
Ein Problem bleibt immer ein Problem – die Lösung des Problems ist und bleibt dabei immer die Herausforderung!

Dabei kommt es dann entscheidend darauf an, ob ein DienstLeister bereit ist, wirklich ganz tief in die Problemwelt einer bestimmten Zielgruppe einzutauchen, den Problemen wirklich auf den Grund zu gehen.

- ❑ **Je tiefer ich in die Problemwelt anderer eintauche, desto besser ist die Lösung, mit der ich wieder auftauche!**

Zu viele DienstLeister nehmen sich zu wenig Zeit zum Tauchen. Sie bleiben an der Oberfläche, finden eine schnelle, oberflächliche Lösung, in der Regel die, die sie schon in ihrem Portfolio haben, die fertigen Produkte und Lösungen, die sie ja in genügend großer Stückzahl verkaufen wollen bzw. müssen, damit es sich lohnt. Deshalb sind sie so schnell mit ihrer Paradelösung bei der Hand, ohne zu ergründen, was der Kunde wirklich braucht. Ob es genau zum Kunden passt oder nicht, spielt keine Rolle. Hauptsache, sie können verkaufen, was weg muss. Eine gefährliche Strategie! Sie wird heutzutage leider noch oft genug angewendet. Verkäufer nehmen sich keine Zeit mehr dafür, die Bedürfnisse der Kunden, deren wirkliche Probleme zu ermitteln und dann eine individuelle Lösung zu entwickeln. Sie denken in Produkten – nicht in DienstLeistung! Die Verbraucher nehmen sich auch keine Zeit mehr dafür, den Wert einer DienstLeistung hinter einem Produkt zu erkennen.

DienstLeistungs-Qualität ist Einstellungssache!
Ob wir erfolgreich Probleme lösen und Kunden sich von uns in Bestform betreut fühlen, hängt in erster Linie von der persönlichen Einstellung zu Menschen ab. Deshalb gleich hier drei einfache Einstellungs-Regeln, die Ihr Verhalten sehr positiv steuern können:

- ❑ **Ich stimme mich immer in wenigen Sekunden auf meinen „Arbeit-Geber“ ein, bevor ich das Gespräch mit ihm oder ihr in unserem Ladengeschäft, unserer Praxis, unserem Büro oder beim Besuch im Aussendienst, in seinem Haus, in seinem Unternehmen, in unserem Haus, in unserem Unternehmen beginne!**

- ❑ **Ich denke besonders daran, dass er oder sie es ist, der oder die mein Gehalt bezahlt, bevor ich mein Gespräch mit einem StammKunden beginnen! Denn gerade bei diesem laufe ich vielleicht Gefahr, dass ich ihn nicht mehr genauso wert-schätze wie einen NeuKunden!**

- ❑ **Ich wähle immer zuerst meine kundenorientierte Einstellung – und erst danach die Nummer, wenn ich telefonieren will!**

Ich halte die **Einstellung** für den alles entscheidenden Erfolgsfaktor, ob Sie anderen Menschen den besten Dienst erweisen, den Sie erweisen können. Wir brauchen immer mehr Menschen mit der richtigen Einstellung, die alle zusammen eine neue DienstLeistungs-Kultur in unseren europäischen Ländern schaffen, die sich alle noch einmal neu auf die Qualität der eigenen DienstLeistung fokussieren, sie ständig weiter verbessern. Frauen und Männer, die in Herausforderungen neue Chancen sehen! Menschen wie Sie!

Konsequenz – der Preis Ihrer Entscheidung!
Für welche Sichtweise Sie sich auch entscheiden – eines bleibt immer gleich: Sie alleine ernten die Früchte dessen, was Sie gesät haben. Das können schöne und reiche Früchte sein. Oder aber auch schlechte Früchte, die Sie krank machen! Konsequenz – das ist der Preis für das, was wir getan haben, was wir gerade jetzt tun, was wir in der Zukunft tun werden. Konsequenz ist aber auch der Preis für das, was wir in der Vergangenheit **nicht** getan haben, was wir gerade im Moment **nicht** tun, obwohl es bitter notwendig wäre, und was wir in der Zukunft **nicht** tun wollen oder werden!

Das ist eine entscheidend wichtige Erkenntnis, über die Sie etwas länger nachdenken sollten. Es sei denn, Sie werden Politiker. Die müssen meist nicht die Konsequenz für ihr Versagen und ihre falschen Entscheidungen tragen. Bei Ihnen und mir, als Unternehmer oder Arbeitnehmer, ist das anders. Konzentrieren wollen wir uns in erster Linie auf das, zugegeben riesengroße, Feld der Wirtschaft. Aber gerade auf diesem Feld stelle ich fest, dass es dabei um sehr viel gefährliches Halbwissen geht. Keine Angst – ich werde mit Ihnen in diesem Buch keinesfalls in die Tiefen der Volks- und Betriebswirtschaft hinabtauchen. Wir wollen uns an den grundsätzlichen Sichtweisen orientieren, die hilfreich sind, um unseren Beruf, unsere Aufgabe richtig einzuordnen.

Was ist die Aufgabe eines Unternehmens?
In meinen Seminaren höre ich da überwiegend zwei Antworten: Ein Unternehmen hat zum einen die Aufgabe, Gewinne zu erzielen (die Unternehmerfeinde erkennt man dann gleich an ihrer Wortwahl – sie sagen: Profite zu machen!) und zum anderen, Arbeitsplätze zu schaffen. Leider stimmt das nicht ganz. Denn beides, die Gewinne und die Arbeitsplätze, sind lediglich Folge guten Unternehmertums. Oberste Aufgabe eines Unternehmens ist es, Produkte und Leistungen in einer Qualität auf einen Markt zu bringen, die eine große Sogkraft auf immer mehr Menschen ausüben!

Das ist entscheidend in gesättigten Märkten. Und welche sind heutzutage nicht gesättigt? Das ist jedoch in gleicher Weise entscheidend, wenn ein Unternehmen einen neuen Markt erschließen will. Das gilt in gleichem, ja in besonderem Maße, wenn ein völlig neues Unternehmen als Start-up mit einem völlig neuen Produkt, einer völlig andersartigen Leistung auf den Markt geht, dort noch völlig unbekannt ist und in kürzester Zeit bekannt werden muss.

Sog!

Druck

Eine besondere Sogkraft entsteht nur durch die besondere Problemlösungs-Qualität der Produkte und Leistungen. Alle Unternehmen müssen diesen Sog, diese Anziehungskraft ihres Unternehmens, ihrer Produkte, ihrer Leistungen immer wieder neu verstärken. Wer aufhört, besser zu werden, hat aufgehört, gut zu sein!Damit erhöhen die Unternehmen ständig ihren **WERT**. Und nur damit werden sie zur **MARKE**. Andernfalls bleiben sie Teil einer gleichartigen **MASSE** und müssen weiterhin verzweifelt versuchen, ihre Massenware in den Markt zu drücken. Wie große Drückerkolonnen. Wie machen sie das? Richtig – über den **PREIS**! Damit reduzieren sie ständig ihre Erlöse, es geht immer weniger Geld ein, die Kosten bleiben, die Gewinne schrumpfen, Mitarbeiter können nicht mehr bezahlt werden und werden demzufolge entlassen. Volkswirtschaft folgt ganz einfachen Regeln! Was für ein Unternehmen gilt, gilt genau so für Sie! Menschen sind Marken!

Deshalb sollten Sie auch nicht die Wahrung Ihrer Interessen einzig einem Verband oder einer Organisation überlassen, die den Gleichmacher-Effekt anstreben.

❑ Ich überlasse mein Arbeitnehmer-Leben nicht einfach passiv einer Institution oder dem Staat, die sich um meine persönliche Zukunft kümmern wollen!

❑ Ich übernehme die Verantwortung für mein eigenes Leben!

❑ Ich werde zur BestMarke durch meine besondere Persönliche ServiceQualität!

❑ Ich nehme die Entwicklung meiner einzigartigen Persönlichkeit, meiner unverkennbaren „Marke", selbst in meine eigenen Hände!

❑ Ich nutze dazu auch dieses Buch!

1.5 Mein DienstLeister-Verständnis!

Was haben andere Menschen davon, dass es mich gibt? Mein Freund, der österreichisch-amerikanische Wirtschaftsjournalist und Verleger **Karl Pilsl** hat einem seiner Bücher diesen Titel gegeben.

Es ist die existenziell wichtigste Frage unserer Zeit. Haben doch sogar Maschinenbauer mittlerweile erkannt, dass kein Unternehmen, kein Mensch eine Maschine braucht, sondern mit Hilfe der Maschine eine Lösung für eines seiner Probleme erhofft.

Umso wichtiger ist die Frage für Sie und mich, die wir Persönliche DienstLeister sind. Eigens dafür gibt es **Die ServiceSchule**, die sich zum Ziel gesetzt hat, den Menschen, die als Persönliche DienstLeister tätig sind, eine maßgeschneiderte Qualifikation für ihre Zukunft zu bieten. Sie selbst können hier Ihre Persönliche ServiceQualität nach dem PSQ-Modell konsequent weiterentwikkeln und durch Ihre Persönliche ServiceMarke noch erfolgreicher werden. Gerade in diesen Tagen habe ich den neuen Verbund für Persönliche DienstLeister **ServicePeople** ins Leben gerufen. Dieser Verbund wird die europäische Plattform sein, auf der sich Persönliche DienstLeister begegnen, austauschen und weiterqualifizieren, um Unternehmen und Menschen in ganz Europa, vielleicht auf der ganzen Welt, immer wertvollere Dienste leisten zu können.

Natürlich ist die Frage, was andere Menschen davon haben, dass es mich gibt, nicht wichtig, sondern die Antwort! Können Sie die Antwort darauf, was Sie selbst betrifft, in wenigen Sätzen, am Besten in einem einzigen Satz zusammenfassen?

- ❑ **Welches spezielle Problem löse ich?**
- ❑ **Welche besonderen Fähigkeiten helfen mir dabei?**
- ❑ **Was unterscheidet mich dabei positiv von anderen?**

Mein DienstLeister-Verständnis ist mein ServiceVerständnis!
Es wird dringend Zeit, dass wir begreifen, weshalb wir auf der Welt sind. Wir sind dazu da, um anderen Menschen zu dienen! Ganz losgelöst von dem großen göttlichen Vorbild vor über zweitausend Jahren. Denn diese Kultur gilt auch für Nicht-Christen, wollen sie denn ihr Leben erfolgreich gestalten.

Wer dient, verdient!
Das ist der Titel eines recht erfolgreichen Buches, das ich vor vielen Jahren geschrieben habe, das aber mittlerweile völlig vergriffen ist. Die Essenz daraus: Ja, es darf ruhig so sein, ja, es muss so sein – das ist gerecht: Wir selbst können umso besser leben, je besser wir die vielen kleinen alltäglichen Probleme, Wünsche, Begehrlichkeiten, Notwendigkeiten anderer Menschen erfüllen, lösen, befriedigen.

Das Leben anderer Menschen schafft die Grundlage für unsere eigene Existenz. Das ist wie ein Perpetuum Mobile.

Ziel meiner persönlichen DienstLeistung ist es immer:
Das Leben anderer Menschen **lebenswert-ER** zu machen:

- ❑ **liebenswert- ER – ja: liebenswerter!**
- ❑ **zukunftssicher- ER**
- ❑ **erfolgreich- ER**
- ❑ **abwechslungsreich- ER**
- ❑ **erlebnisreich- ER**
- ❑ **angenehm- ER**
- ❑ **sicher- ER**
- ❑ **stabil- ER**
- ❑ **spannend- ER**
- ❑ **komfortabel- ER**
- ❑ **sorgenfrei- ER**
- ❑ **glücklich- ER – oder was sonst noch alles zu machen!**

Dadurch entsteht mit der Zeit eine neue Kultur, die der Welt, der Natur, den Menschen – aber auch den Unternehmen gerecht wird. Es wird dringend Zeit für eine Kultur, die uns den Weg in eine neue und bessere Zukunft weist, die Menschen anspornt, die Probleme anderer Menschen immer besser zu lösen. Und alle, die an diesem großen Ziel mitarbeiten, sichern sich damit zugleich selbst die eigene Existenz.

- ❑ **Ich stifte anderen Menschen großen Nutzen –
  und werde durch den wachsenden Nutzen anderer
  mir selbst am meisten nutzen!**

- ❑ **Ich gebe – dann werde ich bekommen!
  Ein tolles Natur-Gesetz, oder!?**

- ❑ **Ich investiere in meine eigene ständig
  wachsende Persönliche ServiceQualität!**

Diese Leitlinien zahlen sich für Sie ganz persönlich aus! Auf Heller und Pfennig, auf Euro und Cent!

1.6 Mein KundenVerständnis!

Alle Welt redet von Service. Nur wenige praktizieren ihn jedoch wirklich in jeder Hinsicht konsequent. Die meisten Unternehmen verstehen darunter das freundliche Lächeln, das nichts kostet, und den Cappuccino, den man uns heute in jedem Einzelhandelsgeschäft geradezu aufdrängt.

70% aller Unternehmen verlieren alle 5 Jahre über 50% ihrer Kunden (PIDAS-Studie 2009-2012). Der Hauptgrund dafür: Schlechte StammKunden-Betreuung! Gleichgültigkeit!

Service ist: Konsequente Kundenorientierung.
Das aber ist alles andere als einfach. Das gebe ich zu. Das hat das Wort Konsequenz so an sich. Es hat Konsequenzen! Und dennoch lohnt es sich, die Welt mehr und mehr aus der Sicht unserer Kunden zu sehen, aus der Sicht derer, die unser Gehalt bezahlen.

Welche Probleme, Bedürfnisse, Erwartungen haben Kunden?
Blöde Frage. Sie haben recht. Jeder Kunde ist doch einzigartig und anders als andere. Weil jeder Mensch einzigartig und anders ist. Dennoch haben die einzigartigen Menschen einer bestimmten Zielgruppe auch viele gleichartige Probleme, Bedürfnisse, Wünsche und Erwartungen. Deshalb ist es auch so wichtig zu entscheiden, für wen Sie in erster Linie da sein wollen! Und wenn Sie sich dann ganz konsequent auf diese Zielgruppe konzentrieren, dann können Sie einen immer besseren Service, eine immer bessere KundenBetreuung bieten, ja Sie können Ihre derart verwöhnten Kunden geradezu „süchtig“ nach Ihrem Service machen!

Immer geht es um Ihre persönliche Sogkraft – Ihre Marke!
Ihr guter Ruf, Spezialist für die Lösung ganz bestimmter Probleme zu sein, ist und bleibt die Grundlage für Ihren Erfolg. Je besser Sie sind, um so weniger müssen Sie für sich werben und sich um einen

Job, eine Stelle, einen Auftrag, ein Projekt bewerben. Begeisterte Kunden lösen Ihr eigenes Problem: sie machen Werbung für Sie, sie empfehlen Ihre Dienste sehr gerne weiter. Und das schönste daran ist: sie nehmen noch nicht einmal Geld dafür! Es kostet Sie nichts!

einfacher!
schneller!
persönlicher!

kompliziert!
langsam!
unpersönlich!

Entscheiden Sie sich um!
Nutzen Sie auch hier die Welle der Entscheidung für Ihre Entscheidung! Untersuchungen über alle Branchen hinweg haben ergeben, dass es drei wesentliche Gründe gibt, die Kunden aus dem Haus treiben:

- ❑ **Die Kunden empfinden den Kontakt, die Abläufe, Dokumente und Anleitungen oft als zu kompliziert.**
- ❑ **Es dauert ihnen zudem vieles viel zu lang!**
- ❑ **Und vor allem empfinden sie die Betreuung, – den Service – oft als viel zu unpersönlich!**

Daraus ergeben sich für Sie und Ihr Unternehmen große Chancen, wenn Sie sich entscheiden, das ganze einfach umzukehren.

- **Ich fokussiere mich zuallererst auf diese drei ganz wesentlichen, vorrangigen Bedürfnisse und Erwartungen:**

  > **Ich mache meinen Service unkomplizierter**
  > **Ich mache meinen Service schneller**
  > **Ich mache meinen Service persönlicher**

- **Ich überprüfe dazu jeden einzelnen KundenKontakt-Punkt darauf hin, ob es aus Kundensicht nicht noch einfacher, schneller und persönlicher geht!**

Jede kleine Verbesserung zahlt sich aus. Jede bewusste und sogar unbewusste Wahrnehmung der Kunden, dass es bei Ihnen anders als woanders abläuft, erhöht Ihre Sogkraft auf bestehende und auf neue Kunden!

Da ist sie wieder: Ihre ServiceMarke! Ihr Erfolg hängt immer nur von Ihrer Entscheidung ab, konsequent kundenorientiert zu denken, zu entscheiden, zu kommunizieren, zu handeln. Und Ihre Kollegen dazu anzuhalten, ja, sie zu motivieren, es ebenfalls zu tun!

1.7 Mein BerufsLeitbild!

Mein sehr bekannter und von mir sehr geschätzter Kollege **Alexander Christiani** hat von einem kleinen Erlebnis erzählt, das sehr deutlich macht, um was es mir ebenfalls geht:

Er steht vor dem Haupteingang des Hotels Mövenpick in Münster. Es ist Nachmittag, er hat seinen Raum bereits hergerichtet für seinen Vortrag am Abend und sich entschlossen, noch ein schönes Eis in der Stadt zu essen (was man in Münster besonders gut kann– zielführende Auskünfte eines Sachverständigen gerne am Telefon!). Alexander steht also vor dem Eingang, wartet auf sein Taxi und beobachtet einen Gärtner, der mit einem Elektromäher den Rasen rund um die Blumenbeete pflegt. Das Hotel liegt ganz ruhig in einem kleinen Park, die Sonne scheint, die Vögel zwitschern. Da fährt ein schöner alter Mercedes auf einen der Parkplätze unter den hohen Bäumen. Ein älteres Paar steigt aus, der alte Herr hebt zwei offenbar schwere Gepäckstücke aus dem Kofferraum, stellt sie hinter dem Wagen ab, schließt den Deckel und danach das Auto ab.

Zeitgleich bemerkt Alexander, wie der Gärtner seinen Mäher ausschaltet, sich die Hände an seiner grünen Schürze so von oben nach unten abwischt und zu den beiden Gästen ans Auto herantritt:

„Guten Tag, die Herrschaften! Herzlich willkommen bei uns. Darf ich Ihr Gepäck zur Rezeption vortragen?“ „Ja, gerne! Das ist aber nett von Ihnen!“ So freut sich die Dame, hakt sich bei ihrem Mann unter und in ruhigem, jahrzehntelang eingeübtem Gleichschritt folgen sie dem Gärtner, der sich ihrer Gepäckstücke bemächtigt hat und ihnen vorausgeht zum Hoteleingang.

Ich arbeite an Maschinen – aber immer für Menschen!
Hier hat ein DienstLeister in Bestform sehr eindrucksvoll gezeigt, um was es geht. Er hat seine Aufgabe in diesem Hotel nicht auf

seine Aufgabe als Gärtner beschränkt – er hat sie von sich aus durch sein Selbst-Verständnis erweitert. Er weiß was er ist: Zuallererst Gastgeber, Wohlgefühl-Geber – und erst dann Gärtner!

Kunden suchen keine Diener!
Kunden suchen keine Funktionäre, die ihnen mit unterwürfiger „Servilität", sprich: mit gespieltem Interesse mit den dazugehörigen Funktionärs-Floskeln begegnen – ohne jegliche innere Beteiligung.

Kunden suchen wirkliche „ServicePartner"!
Kunden suchen Menschen, die ihnen auf Augenhöhe begegnen, mit echter Wert-Schätzung, mit hoher innerer Beteiligung, mit dem festen Willen, die Probleme der Kunden zu lösen und ihre Wünsche zu erfüllen. Kompetent, kommunikativ, kooperativ – sympathisch.

Ich arbeite für Menschen!

Ich arbeite an Maschinen

Die persönliche Einstellung entscheidet – bei allen Beteiligten!
Es ist jedoch nicht bloß die unterschiedlich wert-schätzende Einstellung von Vorgesetzten und Führungskräften ihren Mitarbeitern gegenüber.

Es ist auch die sehr unterschiedlich wert-schätzende Einstellung der Betroffenen selbst ihrer Aufgabe und den Kunden gegenüber. Dem Alt-Bundespräsidenten Roman Herzog wird in diesem Zusammenhang die provokante Analyse der deutschen DienstLeister-Befindlichkeit zugeschrieben:

- **„Wenn ein Deutscher eine Maschine bedient, dann glänzen seine Augen! Wenn er einen Menschen bedienen soll, dann sträuben sich ihm die Nackenhaare!“**

Meine Wert-Schätzung, als „Schlips-Träger“, den Menschen im „Blau-Mann“ gegenüber ist dagegen ausgesprochen hoch. Das mag daran liegen, dass ich wohl „mit zwei linken Händen und daran lauter Daumen“ auf die Welt gekommen bin – wie meine älteste Tochter Nadine meint.

Meine Wert-Schätzung liegt aber auch sicher daran, dass ich als Wirtschafts-Spezialist weiß, wie herausragend die technische und handwerkliche Leistungskraft in unseren Ländern ist, sowohl in Österreich als auch in Deutschland. Wenn es in unseren Ländern jetzt auch noch gelingen sollte, dass diese herausragenden Techniker und Handwerker auch noch das Bewusstsein erlangen, dass sie alle nicht nur **an** Maschinen, sondern **für** Menschen arbeiten – dann werden wir weltweit unschlagbar sein!

1.8 Mein LebensSinn!

Auf unserem Bauernhof existierte bereits in den 1950er Jahren eine ganze Reihe von Büchern über berühmte vorbildliche Menschen der Geschichte.

Eines davon besitze ich heute noch. Ein Buch über das Leben eines Mannes, den ich von Kindesbeinen an tief verehrt habe. Albert Einstein hat ihn den „größten Menschen des Jahrhunderts“ genannt:

Albert Schweitzer. Berühmter Musiker, Theologe und Pastor, und vor allem Arzt, Gründer und Leiter des Urwaldlazaretts von Lambarene in Afrika, Nobelpreisträger für sein Lebenswerk!

Seine Lebensvision will ich ganz bewusst genau an diese Stelle zwischen dem Kapitel VISION und dem nachfolgenden Kapitel MOTIVATION einbauen, weil ich meine, dass es an der Zeit ist, unser Dasein mit unserer staatsgläubigen Daseins-Fürsorge, unser gesamtes gesellschaftliches Verhalten, mit all unseren Erwartungen an Vater Staat, doch noch einmal grundsätzlich zu überdenken.

Sie alleine entscheiden, wie Sie Ihr Leben leben wollen, welche Überzeugungen für Sie wichtig sind, welche Ziele, welche Motive Sie leiten, welche Energie in Ihnen steckt und wie Sie diese Energie zur Erreichung Ihrer Ziele nutzen wollen. Sagen Sie selbst zu sich:

❑ **Ich nehme mir die Vision Albert Schweitzers als Leitbild!**

Ich weiß, das ist vielleicht ein wenig überhöht, ich befinde mich da in der gleichen Lage wie Sie, im Verhältnis zu diesem außergewöhnlichen Menschen.

Seine Worte, seine Lebensvision sollte vielleicht als Artikel 1 in unseren Verfassungen stehen:

Die LebensVision von Albert Schweitzer

„Ich will unter keinen Umständen ein Allerwelts-Mensch sein. Ich habe ein Recht darauf, aus dem Rahmen zu fallen – wenn ich es kann.

Ich wünsche mir Chancen, nicht Sicherheiten. Ich will kein ausgehaltener Bürger sein, gedemütigt und abgestumpft, weil der Staat für mich sorgt.

Ich will dem Risiko begegnen, mich nach etwas sehnen und es verwirklichen, Erfolg haben und, wenn es sein muss, auch einmal Schiffbruch erleiden.

Ich lehne es ab, mir den eigenen Antrieb mit einem Trinkgeld abkaufen zu lassen. Lieber will ich den Schwierigkeiten des Lebens entgegen treten, als bloß ein gesichertes Dasein führen; lieber die gespannte Erregung des eigenen Erfolgs, als die dumpfe Ruhe Utopiens. Ich will weder meine Freiheit gegen Wohltaten hergeben, noch meine Menschenwürde gegen milde Gaben.

Ich habe gelernt, selbst für mich zu denken und zu handeln, der Welt gerade ins Gesicht zu sehen und zu bekennen: Dies ist mein Werk. Das alles ist gemeint, wenn ich sage:

Ich bin ein freier Mensch!“

Ich bin Mit-Arbeiter!
Kein Beschäftigter!

2. Motivation

Meine ServiceEnergie!

Meine Einstellung zum Leben, zur Leistung. Was sind meine Ziele, meine Motive, meine Werte, mein Antrieb?

- ❑ Wie motiviere ich mich, jeden Morgen früh aufzustehen?
- ❑ Was sind meine persönlichen Ziele?
  Wie will ich diese erreichen?
- ❑ Was sind meine Lebens-Motive, was ist mir wichtig?
- ❑ Bin ich ein „Beschäftigter“? Wie werde ich zum „Mit-Arbeiter“„Mit-Gestalter“ und „Mit-Unternehmer“?
- ❑ Bin ich Leistungs-Träger?
- ❑ Bin ich wirklich stolz auf mein Unternehmen,
  auf meine Aufgabe, meinen Beruf?
- ❑ Was bedeutet mir meine Arbeit?
- ❑ Wie lebe ich meine eigenen Ziele
  innerhalb der Zielsetzung meines Unternehmens?
- ❑ Wenn ich meine Augen schließe
  – gibt das Bild, das ich sehe
  – die Tonart, die ich höre
  – das Gefühl, das sich in mir einstellt...
  ... gibt mir das alles die Energie, die ich brauche,
  um mich jeden Tag neu auf den Weg zu machen?

2.1 Mein persönlicher Service!

Jedes Jahr bin ich circa 80.000 Kilometer mit dem Auto unterwegs, quer durch Deutschland, Österreich und die Schweiz. Da kommt es vor, dass ich einfach mal zwischendurch ein schnelles Essen fassen muss. Dann fahre ich in der Regel zu einem Fast-Food-Anbieter (Fast-Food heißt, glaube ich, Fasten-Essen – also Diät). Dort hole ich mir dann meine „Überlebenspackung“ für unterwegs. Dabei nutze ich eine ganz moderne mobile DienstLeistung. Es ist nicht „Essen auf Rädern“, passend zu meinem Alter, wie mein Sohn sagen würde. Es ist lediglich „Essen holen am Fenster“. Ich hole mir dort ziemlich regelmäßig sechs bis neun kleine Hähnchen-Stücke – meine Sitzheizung auf dem Beifahrersitz ist ein ideales Rechaud zum Warmhalten dafür. Und ich genieße zur Abrundung hinterher meist noch meinen Lieblingsnachtisch aus der Mittelkonsole meines Fahrzeugs. Denn dort ist eine Vorrichtung eingebaut, in die exakt ein großer Becher mit einer sündigen Eisspeise hineinpasst – weshalb ich mutmaße, dass mein Auto in einer Kooperation zwischen dem Fast-Food-Unternehmen und dem Hersteller meines PKW entstanden sein muss.

An diesem Freitag suche ich bereits am späten Vormittag den Anbieter auf. Ich verspüre aber neben meinem Hungergefühl noch ein anderes Bedürfnis. Das stillen sie noch nicht an einem der Fenster. Ich muss also parken und suche als erstes die Toilette auf. Danach betrete ich den „Schankraum“ und schon aus mehreren Metern Entfernung erblicke ich eine junge und hübsche Dame hinter der Essensausgabe. Zwei Dinge an ihr fallen mir gleichzeitig auf. Auf ihrem Shirt lese ich in Kurzform den Slogan des Unternehmens, ihr Bekenntnis, dass sie alles hier sehr, sehr mag! Ich bin also richtig! Nur – in ihrem Gesicht lese ich etwas völlig anderes: „Ich bin nicht gut drauf“. Sie schaut mir mit leicht getrübtem Blick entgegen und rammt dabei ihre Mundwinkel in den Beton.

Ich liebe es! – Wirklich?

Ich versuche sie deshalb aufzumuntern und frage sie leutselig: „Wie geht es Ihnen?“ Erschrocken richtet sie sich auf, blickt mich verständnislos an und sagt: „Gut!… mhm… – wieso fragen Sie?“ Meine Antwort: „Sagen Sie es vielleicht auch Ihrem Gesicht!?“

Das DienstLeistungs-Koma am Freitag!

Am gleichen Abend – Freitagabend – verlasse ich gegen halb sieben die Autobahn bei Freudenberg an der Sauerlandlinie, um, nach einer Galaveranstaltung des DEHOGA (Deutscher Hotel- und Gaststätten-Verband) am Nachmittag in der Schalke-Arena, zurück nach Hause in den Westerwald zu fahren. Das Autotelefon läutet. Meine Frau ruft an: „Du, Schatz – ich habe gerade den Kühlschrank geöffnet – gähnende Leere. Wenn Du noch irgendetwas essen möchtest heute Abend, bring Dir eine Kleinigkeit von unterwegs aus irgendeinem Supermarkt mit – ein Viertel Aufschnitt vielleicht. Wir fahren dann morgen früh gemeinsam zum Einkaufen.“ „Das kann ja heiter werden“, denke ich bei mir. Freitagabend um halb sieben! Wo jeder Mensch weiß, dass unser DienstLeistungs-Paradies Deutschland seit spätestens vierzehn Uhr, flächendeckend im DienstLeistungs-Koma liegt. Ab vierzehn Uhr erklären sich Übergewichtige wie ich am Telefon für nicht existent:

- **„Tut mir leid – es ist niemand mehr da!
Rufen Sie doch bitte am Montag noch mal an!“**

Manche Kunden haben immer noch nicht begriffen, dass dieser freie Freitagnachmittag zu den Heiligen Kühen der Deutschen Sozial-Wirtschaft gehört! In dem Wort „Freitag“ steckt doch das Wort „frei“ schon drin – das müsste doch jeder begreifen können, der lesen kann! Es ist einfach nur unverschämt, was Kunden auch heute noch von Deutschen Beschäftigten erwarten! Den Freitagnachmittag brauchen Deutschlands „Beschäftigte“ unbedingt. Denn jetzt haben sie Zeit, um die Transparente zu schreiben, die sie dann am Wochenende bei irgendeiner Demonstration den verantwortlichen Politikern in Berlin und anderswo hinhalten:

- **„Sichert unsere Arbeitsplätze!“**

Aber zurück zu meinem großen Hungergefühl, gepaart mit großen existenziellen Ängsten. Denn wie schnell ist ein Mann wie ich, mit eben mal knapp zwei Zentnern Lebendgewicht, buchstäblich „vom Fleisch gefallen“. Ein solcher Körper muss regelmäßig und vor allem ausreichend ernährt werden! Wie sagt man im Ruhrgebiet so schön: „Gott ist mit die Doofen!“ ER schickt mir doch tatsächlich eine Minute später einen noch hell erleuchteten REWE XL-Markt. Wunderbar! XL – das weckt Erwartungen an die DienstLeistungs-Qualität. Und ist obendrein auch noch ganz genau zugeschnitten auf meine Konfektionsgröße. Herz, was begehrst Du?

DienstLeistungs-Bereitschaft in Größe XL!

Ich gehe auf die Fleischtheke zu. Dahinter steht eine offen und freundlich in die Welt blickende junge Dame – genauso alt, oder besser jung, wie die junge Frau im Fast-Food-Laden – und lächelt mir entgegen. Ich blicke mich verunsichert um, denke, den Waschbär-Bauch kann sie ja wohl nicht meinen, hinter dir kommt bestimmt noch ein jugendlicher Waschbrett-Bauch daher. Ich dreh mich also um, entdecke jedoch absolut niemanden. Ihr Lächeln gilt also offensichtlich und unmissverständlich mir – und sie empfängt mich dann auch tatsächlich mit den Worten:

- ❑ **„Guten Abend! Was darf ich Ihnen denn noch Leckeres einpacken?“**

Da kannst Du als Mann in meinem Alter nicht sagen: „Ein Viertel Aufschnitt!“ Lieber nicht den bemitleidenden Blick der jungen Dame in meinem Rücken spüren, das Kopfschütteln, wenn sie mir nachschaut, wie ich mich mit dem Tütchen in der Hand nach draußen wende – und sie denkt: „Macht einen großen Auftritt – hat aber nichts mehr auf der Kante! Er konnte nicht mehr als 1 Euro 80 Cent zu meinem Einkommen beitragen. Die Krise ist auch bei uns im Einzelhandel angekommen!“ Also lässt du dir den Beutel füllen.

Menschen machen die Marke!

An wen erinnere ich mich, wenn ich das nächste Mal in der Gegend bin? Richtig! An die sehr nette Verkäuferin hinter der Fleischtheke!

Die Beschäftigten im Handel beschweren sich darüber, dass dieses böse Internet ihre Arbeitsplätze vernichtet. Sie setzen damit eine altbewährte Tradition fort. Die Schuldigen waren ehemals die Webstühle, dann die Maschinen, dann der Computer. Die Wahrheit ist: Es existieren heute noch sehr gute Handwerksbetriebe. Und es existieren heute auch noch sehr gute Handelsbetriebe.

Was all diesen erfolgreichen Unternehmen gemeinsam ist: sie verfügen über hoch kompetente, sehr freundliche, sehr kommunikative Mit-Arbeiter. Über Menschen, die sich nicht als „Personal“ begreifen, sondern als wirkliche „Persönlichkeiten“ mit einer sehr großen Anziehungskraft auf andere Menschen, die sich sehr gerne von ihnen beraten und beim Kaufen helfen, von ihnen begleiten und betreuen lassen. Gerade in diesem Persönlichen Service liegt der große Vorteil des klassichen, guten, menschlich und fachlich kompetenten Handels all den „seelenlosen digitalen Märkten“ gegenüber. Die Menschen, die Persönlichkeiten, sind die eigentliche Marke des Handels und des Handwerks. Ja, eigentlich jedes Unternehmens, ganz gleich wie groß oder wie klein es ist.

Sie selbst sichern sich Ihren Arbeitsplatz durch Ihre Persönlichkeit, durch die Art, wie Sie Ihren Beruf ausüben! Dieses Buch will Ihnen bei Ihrer eigenen persönlichen Weiterentwicklung helfen. Nutzen Sie es konsequent dazu!

2.2 Mein persönlicher Erfolg?

Menschen, die Spitzen-Leistungen erbringen, verfügen über eine überaus ausgeprägte Anziehungskraft auf andere Menschen – ob im Sport, in der Wissenschaft, in der Musik, in der Kunst – und nicht zuletzt auch in der Wirtschaft. Sie faszinieren andere Menschen. Das liegt in unserer menschlichen Natur. Wir wollen nicht alle gleich sein. In allen Bereichen, im Sport, in der Kunst, in der Musik, in der Wirtschaft, gilt nach wie vor der Grundsatz, den Edison als seine Philosophie begründet hat:

1 % **des Erfolges ist Inspiration.**

99 % **des Erfolges sind Transpiration.**

Der 18-fache Goldmedaillen-Gewinner im Schwimmen, Michael Phelps, hat eine Philosophie wie Edison. Als er nach dem Gewinn seiner 18.(!) Olympischen Goldmedaille von einer CNN-Reporterin nach dem Geheimnis seines Erfolges befragt wurde, antwortete er:

Viel Schwimmen! Viel Essen! Viel Schlafen!
Das würden Sie auch gerne tun? Sie verwechseln Schwimmen mit Baden! Und haben noch diese kleine Besonderheit nicht einkalkuliert, die er der Reporterin auf ihre Nachfrage als den vielleicht entscheidenden Grund für seinen überragenden Erfolg nannte:

- ❑ **„Ich bin auch an Weihnachten immer ins Becken gegangen. Weil ich wusste: Das macht sonst keiner!"**

Ein Sabbat-Schänder, einer der Feiertage nicht ehrt! So einer aber auch! In Deutschland hätte man ihm die Sportförderung entziehen müssen! In unserer deutschen Gesellschaft gilt eine etwas andere Leistungs-Philosophie – nicht nur an Feiertagen:

Viel Freizeit! Viel Gaudi! Viel Wellness!
Als der ehemalige Bundeskanzler Kohl vor vielen Jahren schon einmal den Begriff von der **Deutschen Freizeitgesellschaft** gebrauchte, da hätten ihn die Empörungs-Beauftragten der Nation am liebsten gleich ans Frankfurter Kreuz geschlagen. Die Empörung konnte jedoch, bis auf den heutigen Tag, nicht über die Kern-Wahrheit des Begriffes hinwegtäuschen.

Für viele in unserem Land beginnt das neue Jahr mit der größten kreativen Herausforderung des Jahres: Wie mache ich unter Nutzung der Brücken-, Feier- und geschickt gewählter und gelegter Krankheitstage aus dreißig Tagen Tarif-Urlaub mal eben so circa acht Wochen!?

Leistung entscheidet – ein Naturgesetz!
Da beklagen sich die jungen Studenten, sie müssten zu viel leisten – und dann erwarten sie nach dem Studium einen Job mit Anfangsgehalt von 40.000 Euro im Jahr!

Worin läge dafür wohl die Berechtigung? Warum sollten sie so viel Geld bekommen? Sie müssen sich dieses Einkommen erst einmal verdienen! Und wie anders als durch Spitzen-Leistungen schon während des Studiums? Darauf muss ein Studium die jungen Menschen vorbereiten. Die Fähigkeit zu Spitzen-Leistungen, unter schwieriger werdenden Bedingungen, müssen sie bereits während ihres Studiums nachweisen. Denn die Anforderungen an Fachleute, Führungskräfte und Projektleiter in der DienstLeistungs-Wirtschaft, an Logistiker, Techniker und Ingenieure, an Mediziner, Forscher und Lehrer werden in dramatischer Weise steigen, weil sich die Welt dramatisch verändern wird.

Wir brauchen ein neues Eltern-Denken!

Die Verführung der jungen Menschen beginnt jedoch bereits in den Elternhäusern. Solange sie Schüler sind, machen sich die Gutmenschen-Eltern für ein humanes Schulwesen stark – sie machen sich stark dafür, dass ihre Kinder schwach bleiben, denn sie setzen sich dafür ein, dass ihre Kinder nicht so viel leisten müssen. In der Berufsausbildung wird von diesen Eltern größter Wert darauf gelegt, dass der hoffnungsvolle Nachwuchs von Anfang an weiß, dass der natürliche Feind des Menschen der Unternehmer und sein Betrieb sind. Deshalb werden die Kinder bereits beim Frühstück von ihren Müttern und Vätern darauf eingestimmt und erhalten, neben den wertvollen Frühstücks-Cerealien für den wachen Geist, regelmäßig wertvolle **Frühstücks-Cerealien fürs rechte Arbeitsleben** eines deutschen „Beschäftigten", sozusagen als nahrhaftes Pausenbrot.

Pflichten!

Rechte

Du hast nur Rechte – und nur eine einzige Pflicht!

„Junge, auf keinen Fall darfst du mehr leisten, als du Geld dafür bekommst. Der einzige Weg ist Dienst nach Vorschrift – auf die Minute genau – und dann basta! Arbeitnehmer haben nur Rechte, keine Pflichten! Junge, merk Dir das! Und schau frühzeitig in den Beihilfegesetzen nach, was Dir zusteht! Und wenn Du die Werkstatt fegen sollst, dann handelt es sich dabei um einen groben Verstoß gegen das geltende Arbeitsrecht – es ist eine ausbildungsfremde

Tätigkeit. Neben all Deinen Rechten hast Du jetzt die einzige verdammte Pflicht, diesen unglaublichen Vorfall vor ein Arbeitsgericht zu bringen und einen angemessenen Schadenersatz zu erstreiten!" Ach was! Was heißt da „erstreiten" – den braucht man sich, bei der heute vorherrschenden Mentalität so mancher Arbeitsrichter, im Grunde nur noch an der Gerichtskasse abzuholen – nach einem Schnellverfahren – weil die Rechtslage ja nun wirklich von vorneherein offenkundig ist! Es scheint den Rechtsgrundsatz im deutschen Arbeitsrecht zu geben: Der Unternehmer ist immer der Schuldige! Denken Sie einfach mal drüber nach!

Mit-Arbeiter!

Beschäftigte

Sehr viele **„Beschäftigte"** sehen in einem Unternehmen eine Art „Erwachsenen-Tagesstätte", mit ergotherapeutischer Betreuung. Die „Beschäftigten" sind immer mit irgendetwas beschäftigt, deshalb heißen sie so. Deshalb nehmen sie auch Kunden nicht wahr. Das Wort **„Belegschaft"** erinnert auf fatale Weise an Belegbetten eines Krankenhaus-Chefarztes. Und das Wort **„Bedienstete"** rundet die deutsche Funktionärsdenke sehr gut ab.

Alle drei Begriffe zeigen, wie schwer wir es haben werden, in der DienstLeistungs-Wirtschaft der Zukunft zu bestehen. Weil uns alle die, die ich hier in der „Unterwasser-Zone" aufgeführt habe, letztendlich ihr Unternehmen immer tiefer unter Wasser ziehen.

Es gibt, passend zum Begriff „Personal" in der DienstLeistungs-Wirtschaft, noch eine weitere, ganz besondere Problematik, eine himmelschreiende soziale Ungerechtigkeit – in sehr vielen Unternehmen: Es gibt bekennende „Saboteure" – das ist nach deutscher Arbeitsgerichtsbarkeit zulässig. Das sind „Beschäftigte", die offen sagen, dass sie die Ziele des Unternehmens so viel interessieren wie ein umfallendes Fahrrad auf dem „Platz des Himmlischen Friedens" in Peking. Weil sie wissen, dass der „Soziale Frieden" in unserem Land so streng überwacht wird, dass sich keiner traut, diesen zu stören und es einem derart bekennenden „Saboteur" nahe zu legen, das Unternehmen am besten so bald wie möglich zu verlassen.

Leistungs-Träger!

Leistungs-Lähmer

Es ist ein Hohn, ein Verstoß gegen alle natürlichen Regeln des Miteinander, dass viele dieser unwilligen „Runter-Zieher" und „Leistungs-Lähmer" genauso gut, manchmal besser bezahlt werden, als viele willige „Leistungs-Träger", die sich voll und ganz mit dem Unternehmen und seinen Zielen identifizieren und sich gern und besonders aufmerksam und engagiert um alle Kunden- und Kollegen-Problemlösungen kümmern, weil sie sich als wirkliche DienstLeister verstehen.

Dienst nach Vorschrift – der Feind der DienstLeistung!
„Beschäftigte" tun nur das Notwendigste und machen vor allem pünktlich Feierabend. Nur bei der Ausgestaltung der Urlaubs-

Erweiterungsmöglichkeiten durch Brückentage,im Mai und im Juni, laufen sie zur geistigen Höchstform auf und kommen zu genialen und überzeugenden Kombinationsergebnissen. Im übrigen verdienen sie aus ihrer Sicht zeitlebens immer zu wenig. „Beschäftigte“ leisten deshalb bestenfalls Dienst nach Vorschrift. „Beschäftigte“ erwarten, dass die Politik ihre Arbeitsplätze sichert. Damit haben sie selbst nichts zu tun. Darauf haben sie einen Anspruch – am besten im Grundgesetz verbrieft und verankert: Art. 1: Die Besitzstände der Beschäftigten, Belegschaften und Bediensteten sind unantastbar. Ein schwerer Mühlstein am Hals eines Unternehmens in schwierigen Zeiten.

Die An-Gestellten werden ab-gestellt!
Günter Ogger, der vor vielen Jahren im Rückblick auf die vergangenen Jahrzehnte mit Blick auf einige Versager im Management das Buch **„Nieten in Nadelstreifen“** geschrieben hat, ist auch der Autor des Buches, das einen Ausblick in die Zukunft macht und dabei die Angestellten in Unternehmen im Blick hat: **„Die Ab-Gestellten!“** Bisher wurden in schweren Zeiten immer zuerst die Menschen aus der Produktion entlassen. Weil man deren Produktivität berechnen konnte. Die Produktivität von den Tausenden angestellten „Beschäftigten“ in den Büro-Silos hat bislang niemand ernsthaft hinterfragt, geschweige denn, ernsthaft und systematisch zu messen versucht. Weil seit Jahr und Tag die Mär umgeht, das sei nicht möglich. Wetten, dass in wenigen Jahren vieles möglich sein wird, vor dem wir heute wie Kinder die Augen verschließen!? Die Zeiten ändern sich. Die eigentliche Kultur-Revolution steht noch aus.

Jedes Jahr veröffentlicht das GALLUP-Institut die neuesten Zahlen zur Motivation von Arbeitnehmern in Deutschland und in weiteren rund zwanzig Industrienationen. In dieser Studie wird der alles entscheidende Unterschied in der Leistungskraft von Unternehmen in der DienstLeistungs-Zukunft sehr plastisch deutlich. Hier die wichtigsten **GALLUP-Ergebnisse:**

20% **der „Berufstätigen“ haben innerlich gekündigt,**

fühlen sich dem Arbeitgeber nicht mehr verpflichtet und hoffen, dass ihre Leistungsverweigerung nicht auffällt.

67% **leisten lediglich noch Dienst nach Vorschrift.**

Nur noch 13 Prozent der deutschen Arbeitnehmer verspüren eine echte Verpflichtung gegenüber ihrem Unternehmen und arbeiten sehr engagiert, identifizieren sich mit den Zielen und sind bereit, in schwierigen Zeiten einen besonderen Einsatz zu fahren. Aber 100% aller bestehen darauf, dass das Unternehmen pünktlich am Monatsende das Gehalt überweist!!!

Die innere Kündigung und der Dienst nach Vorschrift führen zu schlechtem KundenService und verursachen nach Schätzungen von Gallup allein in Deutschland einen Schaden von über 100 (hundert!) Milliarden Euro im Jahr! Bedenken Sie dabei, dass sich die Prozentzahlen in den vergangenen fünf Jahren nur unwesentlich verändert haben. Das bedeutet: Die Entwicklung beginnt sich zu manifestieren – es ist also keine Entwicklung mehr, sondern eine feste Größe.

Prüfen Sie selbst Ihre eigene Einstellung!
Natürlich sind viele Unternehmen, bzw. die Vorgesetzten in diesen Unternehmen, schuld daran, dass sich die Menschen vom „Mit-Arbeiter“ zum „Beschäftigten“ zurückentwickeln. Fest steht jedoch, dass sich vieles auch im Lauf der Jahre an der Einstellung der Menschen verändert hat.

Sie allein können für sich prüfen, welche Einstellung Sie selbst haben – zur Leistung, zur DienstLeistung, zum Unternehmen, zu Ihrer Aufgabe, zu Ihren Kunden! Entscheiden Sie sich zur Lebens-Einstellung: Lust auf Leistung! Lust auf DienstLeistung! Dann haben Sie mit Sicherheit eine gute Zukunft vor sich.

Haben Sie schon erkannt, wo Sie selbst stehen?
machen Sie sich unbedingt Gedanken darüber! In Zeoten wie diesen ist es sicher besser, „Mit-Arbeiter“, „Mit-Gestalter“ und „Mit-Unternehmer“ zu sein. Damit sichern Sie selbst Ihren Arbeitsplatz am besten. Und wenn Ihr Unternehmen dennoch einmal in Schieflage kommen sollte, dann sichern Sie sich jetzt schon Ihre Zukunfts-Perspektiven für den Notfall. Als „Mit-Arbeiter“ erhalten Sie zuallerletzt eine Kündigung. Und Sie erhalten zuallererst einen neuen Arbeitsplatz in einem neuen Unternehmen. Weil Ihr guter Ruf Ihnen vorauseilt! Er ist Ihre Marke als Persönlichkeit!

Meine persönlichen Marken-Leitlinien:

- ❑ **Ich identifiziere mich voll und ganz mit meinem Unternehmen.**
- ❑ **Ich bin ein unverzichtbarer „Leistungs-Träger“!**
- ❑ **Ich bin ganz und gar DienstLeister in Bestform!**
- ❑ **Ich kümmere mich besonders aufmerksam und engagiert um Problemlösungen für meine Kunden und Kollegen!**
- ❑ **Ich baue meine Persönliche Marken-Wirkung konsequent weiter aus!**

2.3 Meine tierischen Fallen!

In jedem Unternehmen sind sie alle vertreten: Die DienstLeister-Typen, die, je nach persönlicher Einstellung, oberhalb oder unterhalb der Wasseroberfläche zuhause sind. Weiblich und männlich. Die Leistungs-Killer und Leistungs-Lähmer – die „Beschäftigten" und „Bediensteten" – treiben ihr Unwesen unter Wasser und ziehen immer mehr Kunden und Kollegen zu sich hinab ins kalte Nass. Die Leistungs-Träger – die „Mit-Arbeiter" leben und arbeiten über Wasser. Sie tauchen lediglich deshalb immer wieder ins Wasser ein, um sich mit den Problemen dort unten zu beschäftigen. Dann aber springen sie wieder aus dem Wasser heraus und senden positive, überzeugende und sympathische Lösungs-Signale an ihre Umwelt.

Delphine!

Hochnäsige Spitzmäuse
Gleichgültige Nilpferde
Bissige Krokodile
Arme Schweine

● Die armen Schweine!

Es gibt Menschen, die beenden ihren Tag am Abend, wie sie ihn am Morgen begonnen haben: ganz tief unten unter Wasser, völlig ohne Sauerstoff. Die vom Leben Gestraften. Die ach so ungerecht Behandelten. Die sozial Abgehängten. „Ich muss hier die Drecksarbeit machen. Ich reiß mir jeden Tag beidseitig den Hinterschinken auf. Und wetten, es sieht wieder kein Schwein!"

Ihr unglückseliges Leben ist gekennzeichnet von einer endlosen Reihe falscher Zufälle, Entscheidungen, Konsequenzen – so nach dem Argumentations-Muster: „Ich war schon in der Wahl meines Elternhauses sehr unvorsichtig, habe die falsche Schule besucht, den falschen Lehrer gehabt, die falsche Ausbildung gewählt, den falschen Beruf ergriffen. In der Wahl der Schwiegermutter war ich dramatisch unvorsichtig! Und heute beginnt der Rest meines Lebens. Was soll nur aus mir armem Schwein werden?" Wir treffen hier unten „Arme Schweine" aus allen Hierarchien an. Auch den bedauernswerten Abteilungsleiter, der vor langer Zeit die falschen Leute eingestellt hat. „Meine Mitarbeiter haben drei Höhepunkte am Tag

– die Frühstückspause, die Mittagspause und den Feierabend. Da muss man alles selber machen!“ Da weiß man gleich: In diesem Betrieb sind die Mitarbeiter eigentlich nicht so sehr das Hauptproblem... Aber auch so mancher Chef selbst befindet sich hier unten – ihm ist die Lebensfreude längst vergangen. Das dauernde Wehklagen kann jeder Außenstehende gut verstehen: „In Zeiten wie diesen vergeht einem das Lachen gründlich. Bei diesem Spitzensteuersatz in unserem Land. Da lassen die Stadtväter auch noch gleich den nächsten Supermarkt auf der grünen Wiese zu, anstatt uns, die getreuen Gewerbesteuerzahler, zu schützen. Und nennen Sie mir mal einen einzigen Mitarbeiter, der noch wirklich was will! Alle wollen nur mein Geld!“

Für solche Chefs gibt es keinen Unterschied zwischen Leistungs-Faktoren und Kosten-Faktoren. Kosten-Faktoren sind nur die „Beschäftigten“, die Geld für ihre bloße Anwesenheit erhalten. „Mit-Arbeiter“ sind Leistungs-Faktoren“, die ihr Geld wirklich verdienen!

Wohl fühlt sich hier unten auch die Kollegin aus der Buchhaltung, die ständig jammert, was die anderen Angestellten alles falsch machen, dass keiner vollständige Unterlagen herbeibringt und sie immer alles durch unzählige Überstunden geradebiegen muss:

„Innerlich gekündigt hab ich ja schon seit fünf Jahren. Aber Sie kennen das ja: Wenn man einen sicheren Arbeitsplatz hat, dann setzt man ihn ja nicht so gern aufs Spiel. Aber sobald bessere Zeiten kommen, dann bin ich weg. Darauf können Sie sich verlassen!“

Die bissigen Krokodile!

Wenn ein Krokodil am Morgen das Büro betritt, den Bodenbelag anmurrt, dann brechen die drei Kollegen, die schon da und die gut drauf sind, sofort ihr fröhliches Gespräch ab und trauen sich nicht mehr, miteinander zu reden.

Das Krokodil selbst ist ein ausgesprochener Leistungs-Killer. Obwohl es ihm oft gelingt, einen ganz anderen Eindruck zu erwekken. „Der Müller gehört wirklich zu den ganz unangenehmen Zeitgenossen. Aber er ist zwanzig Jahre hier und in seinem Beruf ist er gut. Ich könnte nicht auf ihn verzichten. Und wenn ich es wollte – es würde mich ein Vermögen an Abfindung kosten. Da kann man nichts machen!“ erläutert der verzweifelte Chef. Der Chef mag Chef sein – eine Führungskraft ist er nicht. Er ist ein „Armes Schwein“! Er kann nichts machen. Er ist ja so hilflos! Er kann sich gegen das Krokodil nicht wehren! Er muss damit leben! Ja, dann muss er auch damit leben, dass „Krokodile“ leistungswillige Kollegen und kaufwillige Kunden vergraulen. Da kommt Erika zu Hannelore ins Büro: „Hannelore, kannst Du mal...-" – schon beißt Hannelore, das Krokodil, unvermittelt und ohne Vorwarnung zu: „Siehst Du nicht, dass ich hier zu tun habe!?" Erika verschwindet. Und Hannelore muss sich erst einmal wieder von der Störung der Kollegin erholen und sich bei Elfriede in der Kaffeeküche mit einer zweiten Tasse Cappuccino dafür belohnen, dass sie heute Morgen überhaupt aufgestanden ist – sie hätte ja auch liegen bleiben können! Schließlich sind wir ein Sozialstaat. Oder etwa nicht?

Das Kroko-ServiceQualitäts-Erlebnis

Ich durfte diese „Kroko-ServiceQualität" zuletzt in einem Seminar-Hotel erleben, das über ein tolles Leitbild verfügt (hängt nach wie vor dort in der Lobby)! Ich reiste am späten Nachmittag mit meinem voll beladenen Kombi an – um am nächsten Tag dort eine große Veranstaltung mit fast fünfhundert Teilnehmern zu bestreiten. Es regnete in Strömen. Die Tiefgarage wurde gerade renoviert. Ich parkte direkt unterm Baldachin neben dem Eingangsportal, der Unversehrtheit meiner mitgebrachten Technik zuliebe. Die hätte auf keinen Fall nass werden dürfen. Ich parkte dort jedoch völlig unbefugt, denn an der Wand vor meinem Standplatz prangte ein großes Schild mit der denkwürdigen Inschrift: „Reserviert für die Direktion!" Und auf dem Schild, das seitlich am Zufahrtsweg zum Nebengebäude aufgestellt war, stand: „Zufahrt freihalten für Feuerwehrfahrzeuge!"

Zwei ungeheuerliche, grobe Regel-Verstöße meinerseits also. Ich war mir der großen Schuld durchaus voll bewusst. Hinterher war mir sogar die Sinnhaftigkeit des Feuerwehr-Schildes klar: Man rechnete in diesem Haus mit mehr Brandstiftern als mit Gästen! So muss es gewesen sein. Kaum hatte ich zwei Koffer von zehn mit meinen Seminar-Unterlagen ausgeladen, erschien der Bankett-Leiter und nahm mich herzlich mit den Worten in Empfang:

„Da können Sie nicht stehen, haben Sie das Schild nicht gesehen!" – und zeigte mit dem ausgestreckten Arm und Zeigefinger auf das „Reserviert-Schild". Ich habe ihm das nicht übel genommen. Bankett-Chefs stehen ständig unter Strom. Und er hatte zudem sofort an meinem Auto-Kennzeichen WW erkannt, dass ich aus dem Westerwald, also aus der tiefsten Provinz komme, und deshalb sicher nicht mit schwulstiger Hotel-Funktionärs-Rhetorik empfangen werden wollte. Leute aus der Provinz lieben es kurz, knapp und unmissverständlich. In Brutto-Fassung hatte er ja gemeint: „Guten Tag! Herzlich willkommen! Der Seminar-Technik nach zu urteilen, könnten Sie Herr Baldus sein!? Ja? Fein! Ich bin Heinrich Fest, Bankett-Leiter des Hauses. Bitte entschuldigen Sie, dass Sie die Tiefgarage ausnahmsweise nicht benutzen können. Sie wird gerade renoviert. Ich helfe Ihnen deshalb jetzt gerne mit dem Gepäck. Ich hole da gleich mal einen Wagen. Und dann geben Sie mir bitte Ihren Fahrzeugschlüssel. Ich parke Ihren Wagen dann nachher gerne für Sie auf dem Parkplatz ein. Da müssen Sie sich um nichts selbst kümmern. Ich zeige Ihnen zunächst Ihren Raum. Und Sie sagen mir bitte, was Sie noch von mir brauchen, damit Sie morgen eine tolle Veranstaltung haben werden!"

Das alles hatte er in seiner kurzen Ansage – siehe oben – zusammengefasst. Ich wusste ja, was er gemeint hatte!

● Die gleichgültigen Nilpferde!

Knapp unter der Wasseroberfläche finden wir den Durchschnitt der „Dienst-nach-Vorschrift-DienstLeister“. Die Beschäftigten mit ausgeprägter Stechuhr-Mentalität, die geistigen Stuhl-Hochsteller mit Ärmelschoner-Verhalten.

Die Vertreter dieser Gattung leben im Tierkreis-Zeichen des Nilpferdes. Dickfellig, schwerfällig, gleichgültig. Sie übernehmen gerne die Aufgabe, die Kunden darauf hinzuweisen, was hier bei uns geht, und vor allem, was nicht geht: „Kunde sei so gut und begreif's! Sonderwünsche werden hier nicht erfüllt. Schließlich sind wir ein zertifiziertes Unternehmen. Da sind alle Prozess-Schritte genau vorgeschrieben. Und wegen unseres Grundsatzes der Gleichbehandlung aller Kunden machen wir keine Ausnahme. Basta!“ Hier sind die zu Hause, die genau wissen, was nicht geht. Hier tagt der Verein der Killerphrasen-Drescher. Sie sind das eigentliche Übel in einem Unternehmen, das wirklich etwas unternehmen will, das in der DienstLeistungs-Gesellschaft wirkliche Spitzen-Leistungen erbringen will.

Die Schwerkraft im Veränderungsprozess!
Nilpferde betätigen sich sehr gerne als souveräne Belegschafts-Berater, vornehmlich dann, wenn es um das Leben in der Veränderung geht – hier noch einmal das Gesagte zur Vertiefung: „Kollegen – keine Panik! Das ist jetzt die vierte – nein, ich glaube, es ist schon die fünfte – Struktur-Veränderung in diesem Laden seit ich hier bin. Und schaut her – habe ich nicht alles in toller Form überstanden? Wie macht man das? Mein Rat: Wenn der Wind der Veränderung weht, Kollegen, dann gibt es nur eines: Duckt Euch! Dann geht der „Wind of change" über euch hinweg. Im Übrigen ist der Anfall ganz sicher nach höchstens vier Wochen wieder vorbei. Dann wird wieder eine neue Sau durchs Dorf getrieben. Und es ist alles wieder wie gestern. Ihr müsst Euch lediglich eine dicke Schwarte wie ich zulegen, dann kann euch nichts mehr jucken! Und noch eins: Ich habe nur noch zehn Jahre bis zur Frühpension."

Das fleischgewordene Des-Interesse!
„Nilpferde" sind außerdem die einzigen Wesen, die durch fünfzig Zentimeter Beton ins Warenlager schauen können. Es braucht deshalb kein Waren-Wirtschaftsprogramm.

Kommt ein Kunde und fragt an der Teile & Zubehör-Theke nach einem Zubehörteil. Erste typische Reaktion eines „Nilpferdes": „Ouiiiii! Ich glaube nicht, dass das Teil noch da ist. Ich könnte höchstens mal nachschaun!"

Und das tut es dann auch. Es dreht sich um, schaut durch die Betonwand zum Lager hin und dreht sich dann wieder zurück ins Geschehen und wendet sich dem Kunden wieder zu: „Nein, hatte ich ganz vergessen. Gestern war das Teil ausverkauft. Dauert sicher vier Wochen, bis es wieder da ist. Nehmen Sie doch das hier – ist auch nicht schlecht!"

● Die hochnäsigen Spitzmäuse!

Diese kundenfeindlichen Besserwisser leben ihr – nach eigener Meinung – unverschuldetes, ungerechtes Dasein im Tierkreis-Zeichen der Spitzmaus. Immer eine Freude, sie anzusehen, immer im neuesten Outfit oder, bei älteren Jahrgängen, betont dezent und elegant gekleidet. Auch „Spitzmäuse" gibt es natürlich weiblichen und männlichen Geschlechts gleichermaßen.

Das besondere, äußere Zeichen der „Spitzmäuse" ist das hoch getragene edle Haupt mit einer noch höher getragenen spitzen Nase und dem besonderen Augenaufschlag. Sie sind die Oberlehrer der Nation. Auch in der Wirtschaft vertreten. Diese Damen und Herren beherrschen eine seltene Kunst: Sie könnten den vor ihnen stehenden Dirk Nowitzki auch im Sitzen von oben herab ansehen.

„Ich hätte auch Ärztin werden können. Und auch einer, der Modenschauen und Model-Wettbewerbe managt, hat einmal Interesse an mir gezeigt. Aber ich wollte das nicht, wissen Sie, immer nur mit Drei-Wetter-Taft von einem Flughafen zum anderen – ich bin auch hier ganz zufrieden!“

Wie schade, dass sie ihr Leben nur träumt und ihren Traum nicht lebt! Wie vieles wäre den Kollegen und Kunden erspart geblieben! Denn auf dem Weg in die DienstLeistungs-Gesellschaft sind solche Spitzmäuse ein hemmendes Schwergewicht, auch wenn sie die Gesellschaft mit ihrem tollen „Ich-will-so-bleiben-wie-ich-bin“-Idealgewicht erfreuen.

Sie bleiben aber gottseidank nur solange hier, bis der Lagerfeld oder der Joop mal eines unserer Produkte, eine unserer DienstLeistungen brauchen: „Wenn die mich dann sehen, schicken die mich direkt auf den Catwalk – da gehöre ich eigentlich hin!“

„Spitzmäuse“ belehren gerne Kunden!
Sie sind chronische Besserwisser und streiten auch mal gerne mit Kunden. Sie sind häufig anzutreffen in vielen technischen Berufen. Viele Ingenieure im Außen- und InnenDienst beraten ihre Kunden nicht – sie belehren ihre Kunden. „Fach-Idiot schlägt Kunden tot“ – ein weit verbreitetes Syndrom.

„Spitzmäusen“ begegnet man häufig auch in Arzt-Praxen. Dort kann man es dann erleben, wie sie beispielsweise eine unsichere alte Dame am Telefon oder vor ihrem Tresen belehren oder manchmal regelrecht abkanzeln, kurz und kühl – im Beisein wartender anderer Patienten. Ich habe den Eindruck, dass es die „Götter in Weiß“ nicht mehr gibt. Aber die „Göttinnen in Weiß“ vermehren sich. Ich hoffe, dass ich mich da täusche. Denn ich werde ja schon bald, in meinem vorgerückten Alter, immer häufiger irgendwelche medizinischen DienstLeister aufsuchen müssen.

Reporter bei Radio Korridor!
Auch intern sind die „Spitzmäuse“ anderen Beschäftigten weit überlegen. Sie kümmern sich um den Flurfunk, sind die besten Reporter von Radio Korridor, verbreiten ständig „das jüngste Gerücht“ und sorgen so dafür, dass die Arbeitszeit für alle schneller vorbeigeht. Und wenn Sie wollen, dass eine neue Information binnen dreißig Minuten jeden, aber auch wirklich jeden Menschen im Unternehmen erreicht, dann sagen Sie es einfach einer weiblichen oder auch männlichen Spitzmaus, unter dem Siegel der absoluten Verschwiegenheit. Dann dürfen Sie sicher sein, dass es innerhalb einer halben Stunde wirklich jeder weiß. Es sind also wirklich wichtige Menschen für jeden Betrieb! Ich muss doch noch einmal meine Voreingenommenheit ihnen gegenüber „reflektieren“, wie sie es in ihrem ureigenen Slang auszudrücken belieben.

Abschied von der Unterwasser-Welt!
Sie kennen alle die Kellner, die ihre Augen überall haben, nur nicht bei den Gästen. Und so kann es vorkommen, dass ein Gast noch ein Glas Bier bestellen möchte – aber der Kellner lässt zu keiner Zeit den Blick durch den Raum schweifen, um zu sehen, wo er noch etwas für die Gäste tun kann. Könnte ja Arbeit bedeuten.

Ungerührt von allem räumt er das Brauchgeschirr von zwei, drei Tischen ab – trägt es mit gesenktem Blick zur Küche – und deckt genauso ungerührt die Tische frisch ein – für die Gäste, die am Abend oder am nächsten Tag kommen werden. Fünfzehn Minuten sind vergangen – da nimmt er Ihren Wunsch wahr und fragt aus gebührender Entfernung: „So, bitte...?“ Und wie reagieren Sie? Sie wollen nur noch zahlen. Aber er lässt Sie noch zehn Minuten warten, bis er endlich mit der Rechnung kommt.

Der „Krokodil-Köbes“ in der Gastronomie von Köln oder Düsseldorf ist mittlerweile Kult. Er ranzt Gäste an, die im Wege stehen in einer vollen Kneipe:

„Glauben der hochwohlgeborene Herr, er bestehe aus Luft?“ Dieses „Personal“ aus der Unterwasser-Welt gibt es nicht nur in der Gastronomie – es sind die Armen Schweine, Krokodile, Nilpferde, Spitzmäuse – es gibt sie in Banken, Versicherungen, in Industrieunternehmen und im Autohandel, im Verkauf, im Technischen Kundendienst, in der Werkstatt, im Empfang und in der Buchhaltung.

Aber die Uhr tickt! Die Welle der Veränderung kommt mit aller Macht und wird viele hinwegspülen!

2.4 Ich bin ein Delphin!

Oberhalb der Wasseroberfläche leben und arbeiten die Leistungs-Träger eines Unternehmens. Sie dienen Kunden und Kollegen im Zeichen der Delphine, der DienstLeister in Bestform.

Lust, Liebe und Leidenschaft – die Motoren des Erfolgs!
Hinzu kommen Leistung, Lösung, Lernbereitschaft – all diese **L**-Werte vereinen „Delphine“ in einer begeisternd schönen Form. Hier oben befindet sich der Unternehmer, der auch in schwierigen Zeiten einen gesunden Optimismus zeigt, sein Team aufmuntert, morgens einen Gang durchs Haus macht und seine Mitarbeiterinnen und Mitarbeiter gut gelaunt begrüßt. Zum Teil mit Handschlag oder auch nur mit einem fröhlichen Satz: „Hallo Jungs, na, alles frisch?“

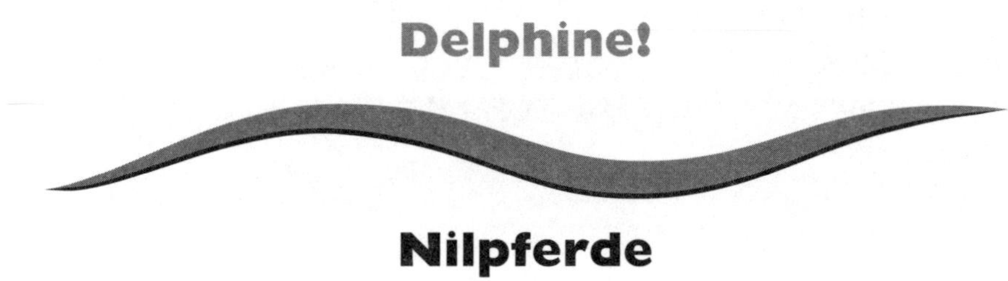

Hier oben befindet sich der „Lernling“ (in Anlehnung an die tolle Bezeichnung der dm-Drogerien), der sich sagt: „Alle, die in ihrem Leben erfolgreich-ER geworden sind, haben über einen langen Zeitraum mehr getan, als sie Geld dafür bekommen haben. Man muss säen und arbeiten, dann kann man ernten. Ja, ich sichere mir selbst meinen Arbeitsplatz durch Leistung. Das überlass ich nicht der Bundeskanzlerin oder der Arbeitsministerin!“ Hier oben befindet sich auch die Putzfrau unseres Hauses. Eine vorbildliche DienstLeisterin. Sie ist vielleicht schon über sechzig. Sie macht bei uns im Haus die Toiletten so appetitlich sauber, wie bei sich zu Hause. Sie will es so. Sie ist stolz auf ihre Arbeit. Kunden und

Kollegen danken es ihr (wenn auch viel zu selten!). Niemals würde sie ihre Einstellung ändern und sich von ihrer Kollegin unter Wasser ziehen lassen, obwohl sie weiß, dass sie nur 400 Euro bekommt – genauso viel oder wenig wie ihre Kollegin, die sich ständig unter Wert verkauft ansieht. Hier oben befinden sich alle, die sich mit ihrem Unternehmen identifizieren, die ihre Arbeit lieben, die ihre Kunden und Kollegen mögen, die all die Eigenschaften besitzen, die wir an DienstLeistern mögen:

DelphinDienstLeister sind

- ❑ **aufmerksam- ER**
- ❑ **höflich- ER**
- ❑ **kommunikativ- ER**
- ❑ **kompetent- ER**
- ❑ **engagiert- ER**
- ❑ **kooperativ- ER**
- ❑ **zuverlässig- ER**
- ❑ **lernfähig- ER**
- ❑ **partnerschaftlich- ER**
- ❑ **sympathisch- ER**

Kunden lieben Delphine!

Mit Menschen umzugehen, die sich wirklich für uns interessieren, die sich sichtbar und hörbar dafür engagieren, für uns die beste Lösung zu finden und in uns ein Rundum-Wohlgefühl zu erzeugen, das macht unser Leben lebenswert. Das ist die Wert-Schätzung, die wir gerne genießen. Sie ist die Grundlage jeglicher Wert-Schöpfung. Delphine zeigen bei jedem KundenKontakt, aber auch im internen Miteinander, dass sie gerne für uns als Kunden arbeiten, dass sie auch gerne im Team mit ihren Kolleginnen und Kollegen zusammenarbeiten, geprägt von den großen Erfolgs-Faktoren:

Lust!

Liebe!

Leidenschaft!

Eine ServiceSternstunde!
Erlebt habe ich sie in Linz an der Donau in einem Rosenberger-Seminar-Hotel. Ich sitze dort am Mittag im Restaurant – das üppige Buffet im Blick, etwa sechs, sieben Meter davon entfernt – und erfreue mich des tollen Angebotes.

Erfreulich auch der Anblick der jungen Dame, die, von mir aus gesehen, links neben dem Buffet steht – blutjung, in einem feschen Dirndl. Mit freundlichem Lächeln beobachtet sie die Gäste rundum. Und jedes Mal, wenn sieben, acht Leute am Buffet entlang alles abgeräumt haben – man glaubt ja nicht, was in Menschen nach dem „All-inclusive-Prinzip" hineingeht – dann richtet sie unermüdlich die Platten neu her, sorgt für Nachschub aus der Küche, hat hier ein nettes Wort für den einen Gast, dort ein bezauberndes Lächeln oder Augenzwinkern für einen anderen. „Ja – er hatte recht", dachte ich bei mir. „Wir schulen unsere Mitarbeiter nicht auf gastfreundliches Verhalten, wir stellen von vorneherein nur gastfreundliche Mitarbeiter ein!" Gesagt hatte diesen denkwürdigen Satz Herr Rosenberger persönlich, ein paar Monate zuvor in einem Radio-Interview auf Ö3, auf meiner Fahrt von Dornbirn am Bodensee nach St. Gallen in der Schweiz.

Auf der rechten Seite vom Buffet erhebt sich in diesem Moment ein eher 86- denn 85-jähriger alter Herr und schlurft zum Buffet. Er sitzt völlig alleine an einem 2-er Tisch, einem sogenannten „Katzen-Tisch“, und ich denke bei mir: „Alt werden möchten wir ja alle, alt sein dagegen ist nicht sonderlich witzig.“

Der alte Herr legt sich ein, zwei kleine Köstlichkeiten auf den großen Teller, zögert dann, macht einen ganz unentschlossenen Eindruck, während die junge Dame mit nettem Lächeln zu ihm herüber schaut – ich sehe es, er nimmt es jedoch nicht wahr, dreht sich schließlich wieder um und geht zurück zu seinem Tisch.

„So geht das aber nicht!“
Laut sagt die junge Dame am Buffet diesen Satz in Richtung des alten Herrn, sozusagen in seinen Rücken hinein. Mir fällt fast das Besteck aus der Hand. Und den übrigen Gästen rundum ebenfalls. Eine Stecknadel hätte man auf den Teppichboden fallen hören können. Totenstille. Und ich denke bei mir: „Was hat sie da gesagt?“ Und: „Was hatte der Herr Rosenberger noch mal im Interview gesagt?“

Der alte Herr weiß in diesem Moment genau, dass nur er gemeint sein kann. Wie zur Salzsäule erstarrt bleibt er stehen, schaut ungläubig über die Schulter in Richtung der jungen Dame. Ich schaue ebenfalls dorthin – und blicke in ein strahlend lächelndes Gesicht. Wir alle, und vor allem der alte Herr, sind irritiert. Dann geht sie auf ihn zu, fasst ihn am Arm(!), zeigt in Richtung Buffet und sagt zu ihm: „Das können Sie mir doch nicht antun. Schauen Sie, meine Kollegen aus der Küche haben sich so viel Mühe gemacht, um all diese Köstlichkeiten für Sie zuzubereiten. Und Sie wollen mit einem leeren Teller zurück zu Ihrem Tisch! Das kann ich nicht zulassen. Kommen Sie bitte mal mit!“ Als habe man dem alten Herrn in dieser Sekunde Bilstein-Stoßdämpfer (Ende des Werbeblocks) in die Knie gezogen, geht dieser aufrecht und beschwingt mit lächelndem Gesicht mit ihr zurück zum Buffet. Dort packt ihm die junge Dame den Teller voll – der Gastritis-Anfall ist aus meiner Sicht vorprogrammiert. Der alte Herr aber nimmt bestens gelaunt wieder Platz. Die junge Dame stellt sich ebenfalls wieder auf ihren Platz, lächelt ihm noch einmal zu und blickt dann völlig verunsichert in die Runde, weil alle zu ihr hinsehen – und keiner weiter isst!

Was war geschehen? Was hatte sich da abgespielt? Die Gäste hatten das Empfinden, eine ServiceSternstunde erlebt zu haben. Für die junge Dame aber war das, was sie getan hatte, überhaupt nichts Besonderes. Für sie war es die selbstverständlichste Sache der Welt.

Delphine haben das DienstLeister-Gen!
Diese Delphin-DienstLeister gibt es nicht nur in der Gastronomie und Hotellerie – es sind die überdurchschnittlich kundenorientierten Mitarbeiter im Tourismus, in Banken, Versicherungen, in Industrieunternehmen, im Einzelhandel, im Handwerk, bei gewerblichen und freiberuflichen DienstLeistern, im Verkauf, im Technischen Service, in der Werkstatt, am Empfang und in der Buchhaltung. Nur solche DienstLeister können die Marke eines Unternehmens auf Kurs zu neuen Ufern bringen, Kunden begeistern, potentielle Kunden anziehen, für Wachstum und Wohlstand sorgen – und damit für die eigene Zukunft!

Alle Tiere sind in mir!
Natürlich sind auch alle „Unterwasser-Tiere" genetisch in mir angelegt. Vielleicht auch in Ihnen? Hat sich auch schon mal Ihr Armes Schwein in den Vordergrund geschoben, Ihr Krokodil, Ihr Nilpferd, Ihre Spitzmaus?

- ❑ **Das Tier, das ich füttere, wächst in mir!**
- ❑ **Deshalb entscheide ich mich selbst immer wieder neu, immer häufiger ein „Delphin" zu sein!**

Der Delphin – das Symbol für DienstLeister in Bestform!
Delphine sind ähnlich intelligent wie Menschen! Oder sind sie gar intelligenter? Zumindest scheinen sie den ausgeprägteren „Gesunden Delphin-Verstand“ zu besitzen. Ethik-Professor Thomas White, er forscht an der Loyola Marymount Universität Los Angeles, wies auf dem Kongress der weltgrößten Forscherorganisation, auf der Grundlage vielfältiger Studien, diese Delphin-Kriterien nach:

- ❑ **Delphine sind emotionsgesteuerte Wesen**
- ❑ **Delphine haben positive und negative Empfindungen**
- ❑ **Delphine können gefühlsmäßig intensiv leiden**
- ❑ **Delphine verfügen über Selbstbewusstsein**
- ❑ **Delphine lösen sogar komplexe Aufgaben und gehen dabei sehr analytisch und planmäßig vor**
- ❑ **Delphine nehmen sich im Spiegel wahr – eine Leistung, die sonst nur Menschen und Menschenaffen vollbringen**
- ❑ **Delphine sind in der Lage, ihr Verhalten zu steuern**
- ❑ **Delphine erkennen einander wieder**
- ❑ **Delphine begegnen sich mit Respekt, sogar mit offener Zuneigung**

„Diese Kombinationen sind nach traditionellem Verständnis allein dem Menschen zu eigen. Wenn der Delphin sie im Laufe seiner fast

60 Millionen Jahre langen Evolution ebenfalls erworben haben sollte, dann stünden ihm ähnliche Rechte zu, wie sie der Mensch für sich beansprucht", argumentiert der Ethik-Professor. „Dann dürften Delphine nicht wie Sklaven für Tiershows vermarktet und zu Hunderttausenden im östlichen Pazifik gejagt und geschlachtet werden. Dann dürften die geselligen Meeressäuger nicht als Eigentum betrachtet, sondern müssten mit Achtung behandelt werden. Denn sie sind Geschöpfe, die uns auf unserem Zukunftskurs begleiten."

Der Delphin ist das Symbol der Veränderung!
Es gibt ganz sicher kein treffenderes Symbol für den weltumspannenden Veränderungsprozess auf Kurs zu einer neuen weltweiten ServiceQualität, auf Kurs zu noch mehr Erfolg als Persönlicher DienstLeister, als den Delphin, der uns ein Vorbild sein kann:

- ❑ **Ich nehme die Veränderungen aktiv an!**
- ❑ **Ich nutze die Welle – die Kraft, die in ihr steckt!**
- ❑ **Ich wachse an der Veränderung in eine neue Zeit!**

2.5 Ein tierisches Gedicht!

Ein begabter Mitarbeiter der **VP Bank in Liechtenstein** hat die Mentalitäten der verschiedenen Typen – die Seminar-Symbole der ServiceSchule – in einem tierisch guten Gedicht beschrieben:

Das arme Schwein
Was bin ich für ein armes Schwein,
Jeder würgt mir einen rein.
Nur beim Lohn, da kommt nicht viel,
Mein Chef hat einfach keinen Stil.
So übersieht er ohne Frage,
Welch' schwere Last ich doch stets trage.
Hey, ich bin hier tierisch wichtig,
Und mach' immer alles richtig!

Das bissige Krokodil
Wer jammert, hat nicht viel vom Leben.
Freiwillig wird man dir nichts geben.
Benutzen sein Gebiss man muss,
Wenn auch zu andrer Leut' Verdruss.
Drum tut ihr besser, was ich sag',
Weil ich euch sonst gern schnappen mag.
Und wenn ich euch von vorn' nicht krieg',
Erring' von hinten ich den Sieg.

Das gleichgültige Nilpferd
Ich werd' hier garantiert nicht stressen,
Gar das Letzte aus mir pressen.
Gern darf sich ein andrer plagen,
Denn Arbeit kann ich schlecht ertragen.
Du glaubst, dass du mich ändern kannst,
Viel Spass, zu träge ist mein Wanst.

Die hochnäsige Spitzmaus
Ich bin dieser Hütte Glanz,
Ihr verkennt mich voll und ganz.
Ihr genügt mir einfach nicht,
Nicht hell genug brennt euer Licht.
Drum sollt ihr vor mir weichen
Und bleiben unter Euresgleichen.
Für Höheres bin ich bestimmt,
Eindeutig auf Erfolg getrimmt.

Der kundenorientierte Delphin
Ich trag' Lasten wie ein Schwein,
Mit Lust daran geht's von allein.
Hab' Zähne wie ein Krokodil
Gebrauch' sie niemals ohne Ziel.
Nilpferd'sche Ruhe gibt mir Kraft,
Mit der man Schweres locker schafft.
Geht plötzlich alles rund und leicht,
Hast Du Delphin-Status erreicht.

Herzlichen Dank für die Erlaubnis, das Gedicht hier in meinem Buch abdrucken zu lassen!

2.6 Meine Motivation – meine Kraft!

Morgens um sieben ist die Welt noch in Ordnung. Bis der Wecker klingelt und sich das „Arme Schwein“ aus dem Bett wälzt, prompt auf dem linken Fuß landet, wie jeden Morgen, aus dem Fenster schaut und schon auf den ersten Blick weiß, dass es besser gewesen wäre, liegen zu bleiben: „Oh mein Gott, regenverhangener Himmel. Was wird das wieder für ein Sch...-Tag!“

Das Unheil nimmt seinen Lauf: Das Wasser unter der Dusche ist zu nass, der Kaffee lauwarm, die Brötchen nicht knackig, der Autoschlüssel mal wieder nicht zu finden. „Nur Idioten heute früh auf der Autobahn unterwegs. Die Ampel an der Baustelle kurz vorm Betrieb hat nur Rot. Dann park ich auf dem Beschäftigten-Parkplatz und wer parkt sofort wieder neben mir? Egon, mein Lieblings-Kollege. Wenn ich den schon sehe! Seit zwanzig Jahren ertrag ich ihn. Dann komm ich zum Schreibtisch. Na klar, da hat wie gewohnt die Putzfrau wieder zugeschlagen. Seit zweihundertfünfzig Jahren (meine empfundene Lebens-Arbeitszeit) stell ich den Papierkorb rechts neben den Schreibtisch. Und was macht die dusselige Kuh? Sie stellt ihn mit absichtlicher Regelmäßigkeit, ich denke Böswilligkeit, rechts neben den Schreibtisch. Und so muss ich den Papierkorb jeden Morgen erst einmal von rechts neben dem Schreibtisch nach links neben den Schreibtisch stellen. Da ist fast das erste Hemd schon durch! Was nur habe ich eigentlich verbrochen, dass mein Leben einen solchen Verlauf genommen hat! Und noch über zehn Jahre bis zur Frühpension! Da kann nur noch ein gepflegter Burn-out helfen. Beschlossen! Das wollen wir doch einmal sehen! Wer bin ich denn!?“ Ganz anders am nächsten Morgen. Landung auf dem linken Fuß. Blick aus dem Fenster: „Oh mein Gott, strahlend blauer Himmel. Kein Wölkchen zu sehen. Was wird das wieder für eine Hitze werden in unserem Stall. Was für ein Sch...-Tag!“ Und das Wasser unter der Dusche ist zu nass, der Kaffee lauwarm, die Brötchen...“

Ja, es gibt Menschen, für die beginnt jeder Tag gleich. Und sie sind vor allen Dingen immer gleich schlecht drauf. Ganz gleich, ob es regnet oder schneit, ob die Sonne scheint und ein frischer Wind weht. Und die Uhr tickt. Unaufhörlich. Sekunde für Sekunde rauscht das Leben vorbei. Und keine einzige Sekunde kehrt zurück.

Mein Freund und Kollege Klaus Kobjoll sagt es in seiner unnachahmlichen Art: „Wenn der Druck auf die Blase der einzige Grund für Dich ist, morgens aufzustehen, läufst Du Gefahr, dass einiges in Deinem Leben daneben läuft!“

Was treibt mich morgens aus meinem Bett?
Das können viele Dinge sein. Mir geht es an dieser Stelle jedoch nur um eine grobe Unterteilung, was die Motivation angeht:

- ❑ um die Entwicklung und Umsetzung einer LebensVision, verbunden mit einem persönlichen Ziel und einer entsprechend großen persönlichen Motivation –

- ❑ und um die Entwicklung und motivierende Wirkung der besonderen persönlichen LebensKraft.

Das große Ziel!
„Vor den Erfolg haben die Götter den Schweiß gesetzt.“ Das stimmt auch heute noch, findet jedoch nicht mehr die breite Zustimmung in der modernen Bevölkerung. Viele setzen lieber auf DSDS, auf das Glück, den Zufall, dass ein „Beauty-Coach“ im Café vorbeikommt, sie in all ihrer weiblichen oder männlichen Pracht entdeckt und vom Fleck weg für den Laufsteg oder gleich für Hollywood engagiert. Die Entwicklung und Umsetzung einer großen LebensVision bleibt sicher Ausnahme-Menschen vorbehalten. Ich sage das sehr bewusst, auch wenn ich weiß, dass jetzt einige der sozialistisch angehauchten Gutmenschen in unserem Land aufjaulen, die der Auffassung sind, dass alle Menschen gleich seien, dass es keine Eliten geben dürfe.

Ich meine dagegen, dass wir Eliten brauchen. Leistungs-Eliten! Ich durfte vor Jahren an einem Training meines englischen Freundes Keith Antoine teilnehmen. Er trainierte die britischen Nachwuchs-Sprinter und stimmte sie auf die Olympischen Spiele ein.

Vor der ersten Trainingseinheit auf der Aschenbahn stellte er jeden Einzelnen in eine „Black Box". Wie ein Kino im Kleinen. Mittendrin drei Postamente, Platz 1, 2 und 3 wie bei einer Siegerehrung. Dann spielte er in diesem kleinen Sensorround-Kino, mit einer besonderen Technik ein voll besetztes Leichtathletik-Stadion ein. Zehntausende Menschen jubeln, schreien und winken. Und Keith mit seiner tiefen sonoren Stimme sprach ins Mikrofon:

„And the winner of the Goldmedal is: Steve Speed!"
Und danach spielte er dem jeweiligen „Sieger", der gerade auf dem Treppchen ganz oben stand, eineinhalb Minuten lang die englische Nationalhymne ein. Wenn die jungen Sprinter danach die Black-Box verließen, hatten sie eine zwei Zentimeter tiefe Gänsehaut, weil sie erlebt hatten, wie es sich anfühlt, wenn man eine Goldmedaille gewonnen hat, wie es sich anhört, wenn man eine Goldmedaille gewonnen hat, und wie ein jubelndes Stadionrund aussieht, wenn man eine Goldmedaille gewonnen hat. Daraus erwächst die Energie, die Ausnahme-Athleten für den weiten Weg bis zum Ziel brauchen.

Alle Menschen sind gleichwertig, aber gottseidank nicht gleich, noch nicht einmal gleichartig. Jeder Mensch ist unbestritten einzigartig. Und unter den Einzigartigen gibt es wiederum immer ganz besondere Menschen, mit unglaublichen Fähigkeiten, vor allem aber meist mit unglaublicher Eigen-Motivation, über lange, lange Jahre viel mehr zu tun, als es andere tun, und die dann irgendwann den Erfolg dafür einfahren können, weil sie zeit ihres Lebens ständig Berge, sprich Hindernisse versetzt und überwunden haben, um höchste Ziele zu erreichen. Ganz unabhängig von Herkunft, Stand, Einkommen des Elternhauses oder des eigenen Einkommens.

Schauen Sie sich neben vielen Sportlern auch Ausnahmen aus anderen Bereichen an – z.B. **Anne-Sophie Mutter**, der Welt größte Geigerin – mit vier Jahren als Wunderkind gestartet, in einem ganz normalen bürgerlichen Umfeld. Begnadet. Sicherlich in ausnehmend großem Maße. Jedoch schon als Kind ein Ausbund an Eigen-Motivation und unermüdlichem Fleiß. Gepaart mit der Fähigkeit, sich endlos zu quälen, weil der Anspruch an sich selbst immer größer war und heute noch ist, als der Anspruch an andere.

Gerade in diesem Jahr ist sie fünfzig Jahre alt geworden. Der Welt beste, berühmteste, begnadetste Geigerin. Eine strahlend schöne Frau und Mutter zudem, die Menschen in aller Welt nicht nur mit ihrem außerirdischen Können und ihrer überaus großen Intelligenz, sondern gleichzeitig mit ihrer sehr geerdeten Echtheit und wunderbaren Herzlichkeit in ihren Bann zieht. Ein Geschenk für die Welt!

Bin ich ein Glückspilz – oder ein Pechvogel?

Es gibt genügend Menschen, die denken, das Glück kommt zur Tür herein, wenn Du an der Reihe bist. Glück ist Schicksal. Ich hatte noch nie Glück. Ich bin ein Pechvogel. Die Glückspilze sind immer nur all die Anderen!

Hans Glücklos hat fünfzig Jahre lang als sehr gläubiger Mensch morgens, mittags und abends zu seinem Schöpfer gebetet: „Herr, schenk mir doch einen Lotto-Gewinn. Schau, ich bin doch ein durch und durch anständiger Kerl, steh jeden Morgen auf, um zu arbeiten – ich könnte ja auch liegen bleiben, denn der Staat würde ja dann für mich sorgen. Aber nein, so denke ich nicht, ich stehe auf. So bin ich halt. Anständig und arbeitsam! Da hätte ich doch einen Lotto-Gewinn wahrlich verdient! Oder? Was meinst Du? Willst Du mir nicht endlich einen schenken? Diese sechs Richtigen mit Zusatz- und Superzahl! Bitte Herr, sorg dafür. Bitte!“ Nach fünfzig Jahren hat Gott die Bettlerei satt. Und er spricht zu ihm: „Bitte, Hans, gib mir eine Chance – kauf Dir ein Los!!!“

Was ist Glück?
Hoffen und Beten alleine bringt nichts. Handeln tut immer not! **Cornelia Hanisch**, die vielfache deutsche Fecht-Olympiasiegerin, hat einem Journalisten, nach ihrem letzten Sieg gegen ihre italienische Konkurrentin und Freundin (!), eine beeindruckende Antwort gegeben auf dessen Frage, es sei ja wohl ein wahnsinniges Glück für sie gewesen, dass sie in die Schluss-Sirene hinein den letzten Körpertreffer habe setzen und das Gefecht mit einem Punkt Vorsprung für sich habe entscheiden und die Goldmedaille damit habe gewinnen können:

❑ **„Ja, das stimmt – wenn Sie Glück so definieren wie ich. Aus meiner Sicht ist Glück, wenn Vorbereitung auf Chance trifft!“**

Ich habe lange über die Antwort der Cornelia Hanisch nachgedacht. Und je länger ich darüber nachgedacht habe, um so überzeugender und absolut stimmiger ist diese Weisheit für mich geworden.

Wir haben eine geistige Krise!
Wir reden so viel von Finanz- und Wirtschaftskrise. Ich halte die geistige Krise, in der wir uns befinden, für weitaus gefährlicher. Sie ist im Jahr 1968 entstanden, weil sie über Jahrzehnte hinweg irgendwelches Leistungs-Denken über alle Lebensbereiche hinweg auf den Index gesetzt hat. Das war ein schwerwiegender Fehler, der nur nach einer langen Übergangszeit wieder zu korrigieren ist. Nicht-Leisten wurde und wird heute immer noch belohnt. Und Leistung wird bestraft. Allein unser Steuersystem ist ein schmerzlicher Ausdruck dessen. Leider nicht nur dieses. In zunehmendem Maße auch noch ein für unsere Zukunft viel wichtigeres – unser Bildungs-System! Wen man auch hört: Die Kinder sind vom Geburtskanal an überfordert. Deshalb halten es so viele Politiker für unbedingt erfor-

derlich, dass der Staat sich am besten von der Zeugung an um das gerechte Leistungsprinzip kümmert, damit die Menschen nicht ständig überfordert sind und schon kurz nach der Geburt an Burn-out verbrennen und in jungen Jahren bereits sterben.

❑ „Arbeiten gehört zum Menschen, wie das Fliegen zu den Vögeln!"

Martin Luther 15. Jahrhundert

Wenn der Staat Ihnen doch die Möglichkeit gibt, fast genauso viel an unterstützender Sozial-Leistung zu bekommen, wie Sie durch Ihre normale Arbeits-Leistung bekommen – dann können Sie sich doch mal überlegen, ob Sie sich den ganzen Stress antun wollen, ja überhaupt antun müssen!? Vater Staat wird es doch schon richten. Schließlich sind wir doch ein Sozial-Staat. Feine Sache! Da muss man nicht arbeiten!

Aus unserer Arbeit, aus unserer DienstLeistung, aus dem, was wir für andere tun, erwächst jedoch in hohem Maß unser Wert als Mensch in der Gesellschaft, die Wertschätzung durch andere. Dabei spielt es überhaupt keine Rolle, ob es um eine entgeltliche, unentgeltliche, um eine erwerbliche, gewerbliche, soziale oder ehrenamtliche Arbeit geht. Heute wird so viel von „Burn-out" gesprochen, von Überforderung. Dabei gibt es auch den „Bore-out", die Unterforderung. Und einige Forschungsinstitute haben mittlerweile bestätigt, dass es mehr Bore-out als Burn-out gibt. Vielfach werden Langzeitarbeitslose ja von der Gesellschaft in Bausch und Bogen kritisiert, dass sie es genießen, nicht arbeiten zu müssen. Aber ich denke, dass viele darunter sind, für die es einen größeren Stress in ihrem Leben bedeutet, nicht arbeiten zu dürfen, als Stress durch zu viel Arbeit zu haben. Ich halte auch eine Äußerung des deutschen Lieblings-Philosophen, Prof. Dr. Richard David Precht, zum Thema Burn-out für sehr bedenklich, weil sie meinen Gesunden Menschen-Verstand und den vieler anderer Menschen beleidigt. Denn Herr Precht sagte im Magazin FOCUS im Jahr 2013:

- **„Es gibt mittlerweile eine Gegenbewegung gegen diese unheilvolle Dominanz der Wirtschaft – Menschen, die einen anderen Lebensentwurf haben, die lieber mehr Zeit mit ihrer Familie verbringen und mit Freunden Kaffee trinken gehen.“**

  Prof. Dr. Richard David Precht 21. Jahrhundert

Welche Esel, verehrter Herr Professor, ziehen aber dann den Karren, auf dem die kaffeetrinkenden Freundesrunden sitzen wollen? Wirtschaft ist sicher nicht alles, aber ohne Wirtschaft ist sicher alles nichts! Manmal behindert ein akademischer Grad das Einschalten des Gesunden Menschen-Verstandes. Aber solche Äußerungen machen Herrn Precht zum Liebling der Flachbildschirme.

Meine persönliche LebensKraft – meine AnziehungsKraft!
Um das Erreichen dieses eigentlich größten persönlichen Ziels, der Souveränität, der inneren Unabhängigkeit und Freiheit – um die Weiter-Entwicklung unserer LebensKraft – darum geht es in diesem Kapitel. Völlig unabhängig von großen Visionen und herausfordernden beruflichen Karriere-Zielen. Unsere LebensKraft ist die Summe aus unserer AntriebsKraft, erweitert um unsere WillensKraft, TatKraft, LeistungsKraft und SchaffensKraft. Ohne Kraft zum Leben, keine Kraft zur Leistung, noch nicht einmal zum Lieben. Es ist der zweite große EnergieBereich, den ich in diesem Buch gemeinsam mit Ihnen besprechen möchte. All diese Kräfte sind innere Kräfte, die andere Menschen von außen wahrnehmen können! Das tun sie mit ihrem ServiceScan!

Meine persönliche LebensKraft:

Meine persönliche AntriebsKraft!
Meine persönliche WillensKraft!
Meine persönliche TatKraft!
Meine persönliche LeistungsKraft!
Meine persönliche SchaffensKraft!

Diese fünf Kräfte machen zusammen unsere LebensKraft aus – und diese erzeugt unsere StrahlKraft – und damit unsere persönliche AnziehungsKraft, die uns im Umgang mit anderen Menschen erfolgreich macht. Hier an dieser Stelle geht es um Ihre generelle Motivation, um die Ausprägung Ihrer LebensKraft.

Doch keine Bange – es wird jetzt nicht philosophisch oder gar esoterisch. Es geht nicht um fernöstliche Weisheiten und keine Fluchten vor dem Alltag ins Innere der Menschen. Es geht vielmehr um ganz praktische, handfeste Dinge. Es geht nämlich um Ihre LebensEnergie!

Wer ist nicht schon in den Alpen einer einfachen Bergbäuerin begegnet, die mit der Sonne um die Wette strahlt!? Souverän meistern diese einfachen Menschen ihr oft karges Leben im völligen Einklang mit der Natur und den Menschen, die zu ihnen gehören oder ihnen auch nur begegnen. Vor allem aber im völligen Einklang mit sich selbst.

Wie sagt man so schön bei einem Menschen, der eine starke Ausstrahlung besitzt: Er ist mit sich im Reinen! (Sie natürlich auch!) Wunderbare Menschen, mit denen jeder gerne zu tun hat. Die ideale Voraussetzung für Menschen, die in der DienstLeistung tätig sind, die Probleme anderer Menschen lösen, souverän, engagiert, leistungsbereit, lösungsorientiert, pragmatisch.

●●● Meine persönliche AntriebsKraft! ●●●

Ihre persönliche AntriebsKraft ist in erster Linie abhängig von Ihrer persönlichen Einstellung – von Ihrer Einstellung zur Wirtschaft, zum Leistungsprinzip, zur Arbeit generell. Die gesellschaftspolitischen Gedanken in den Absätzen zuvor machen deutlich, wie groß die Gefahr ist, dass die Menschen, denen man alle Hindernisse auf dem Weg zu einem angenehmen Leben aus dem Weg räumt, ihre eigene AntriebsKraft nicht mehr fordert, dass diese Menschen Gefahr laufen, kraftlos zu werden – so wie ein Hochleistungssportler, der nicht mehr trainiert. Dieser ist schon nach kurzer Zeit nicht mehr wettbewerbsfähig. Und auf die Goldmedaillen besteht kein Anspruch auf Dauerverleihung, ohne dass vorher noch Spitzen-Leistungen erbracht werden müssen.

Kleine Ziele erhalten den Antrieb!

Die persönliche AntriebsKraft ist nicht genetisch bedingt. Das sind Hintertürchen und Ausreden von Leistungs-Verweigerern. Die persönliche AntriebsKraft lässt sich entwickeln und trainieren. Nehmen Sie sich morgen ein paar kleine, aber sehr wirkungsvolle Schritte vor, die Ihnen sofort kleine Erfolgserlebnisse bieten. Probieren Sie es aus – es funktioniert! Hier nur ein paar kleine Tips:

❑ **Ich fange sofort mit meiner Arbeit an!**

Wenn Sie morgen früh an Ihren Arbeitsplatz kommen, beginnen Sie gleich mit Ihrer Arbeit und trödeln Sie nicht langsam in den Tag. Holen Sie sich nicht zuerst einen Kaffee, studieren Sie nicht zuerst die Tageszeitung. Legen Sie sofort los. Und belohnen Sie sich erst mit einer Pause am Vormittag mit einem schönen Kaffee, einem Schwätzchen, mit Ihrer Zeitungslektüre.

❑ **Ich starte gleich mit einer Aufgabe der Priorität 1!**

Erledigen Sie nicht zuerst die vielen kleinen Dinge und schieben Sie nicht den Brocken vor sich her, sondern packen Sie ihn als erstes an. Die kleinen Dinge können Sie in den Zeiten erledigen, in denen Ihre biologische Leistungskurve mal durchhängt. Dann müssen Sie sich nicht weiterhin selbst belügen und sich entschuldigen, dass Sie den Brocken nicht anpacken konnten – Sie hatten ja noch so viele kleine Zettel abzuhaken! Aufschieberitis heisst diese Krankheit!!!

❑ **Ich bereite den Morgen am Abend zuvor vor!**

Vergessen Sie alle Seminare über Zeit-Management, in denen man Ihnen die Durchplanung eines ganzen Tages nahebringen möchte. Sie wissen doch von vorneherein, dass das nicht funktioniert! Was aber immer funktioniert ist, den Start in den Morgen vorzuplanen. Nehmen Sie sich die letzte Viertelstunde des Tages dazu. Was ist morgen früh das wichtigste – weshalb? Und dann liegt Ihr Projekt, Ihr Brief, Ihr Telefon-Anrufe zusammen mit einer kurzen To-do-Liste allein auf Ihrem Schreibtisch oder Werkstatt-Arbeitsplatz.

❑ **Ich bin immer pünktlich und vorbereitet**!

Nehmen Sie sich vor, immer 5 Minuten vor der vereinbarten Zeit zu einer Besprechung zu kommen. Und besprechen Sie dann zuerst, was besprochen werden muss und auf das Sie sich vorbereitet haben – und erst dann kommt der SmallTalk, der Austausch der Urlaubserlebnisse, und nicht umgekehrt! Wetten, dass schon diese wenigen Leitlinien und die daraus resultierenden Aktivitäten Ihre AntriebsKraft generell und für Sie selbst und andere spürbar stärken? Das verstärkt auch den Eindruck Ihres Team-Leiters, dass Sie sich für anspruchsvollere Aufgaben empfehlen!

●●● Meine persönliche WillensKraft! ●●●

WillensKraft ist noch ein gutes Quentchen mehr als Ihre AntriebsKraft. Die Wissenschaft spricht heute von Voliation im Fachjargon. Auch um der Motivation noch ein wenig mehr Richtung zu geben. Denn zur WillensKraft gehören drei Schritte:

- ❑ **Ich setze mir konkrete Ziele!**
- ❑ **Ich lege Konsequenz an den Tag!**
- ❑ **Ich trainiere meine Kondition und Disziplin!**

Konkrete Ziele setzen – das bedeutet, dass Sie ganz konkret auch die einzelnen Schritte planen, das Material, die Zeit, den gesamten Aufwand, die Umsetzung der Wünsche der Kunden oder Kollegen.

Konsequenz an den Tag legen – das bedeutet, dass Sie den Fortschritt des Projektes, der Aufgabe, Ihrer To-do-Liste kontrollieren, Fehlentwicklungen korrigieren, Ergebnisse bewerten.

Kondition und Disziplin trainieren – das bedeutet, Routine zu entwickeln, Ausdauer zu zeigen – Disziplin – so lange, bis die einzelnen Schritte in Fleisch und Blut übergegangen sind.

Mein Freund **Karl Pilsl** erzählt in seinen Seminaren und Vorträgen immer das treffende Beispiel: Von Ihrem Stuhl aus gesehen befindet sich der Platz des Himmlischen Friedens in Peking auf den Meter genau 10.000 Kilometer entfernt. Können Sie den Weg zu Fuß in einem Jahr zurückzulegen? Ja! Sie brauchen die Richtung, in die Sie gehen müssen und dann die tägliche Routine von 27 Kilometern. Beeindruckend, nicht wahr!? Sie sehen, welche großen Ziele Sie erreichen können, wenn Sie die Richtung kennen, den Willen aufbringen, jeden Tag die 27 Kilometer zurückzulegen. Dann geht die Routine in Fleisch und Blut über. Sie werden immer fitter und schaffen evtl. nach einem halben Jahr sogar auch 35 Kilometer am Tag, können also Ihr Ziel noch schneller erreichen.

Und was haben Sie ganz zuerst gedacht, als Sie von dem Ziel und dem langen Weg hörten? In den ersten drei Sekunden? Antwort: Völlig unmöglich! Richtig? Willkommen im Club! Hab ich auch gedacht. Umso verblüffender ist die Auflösung.

●●● Meine persönliche TatKraft! ●●●

TatKraft kommt von Tun! Tun! Tun! Anpacken! Anpacken! Anpacken! Und wieder liegt der Segen auf den kleinen Schritten, auf Ihren kleinen Aktionen.

Meine Not-to-do-Liste

Wir haben nicht zu wenig Zeit – wir vergeuden zu viel Zeit. Machen Sie mal von einem einzigen Tag eine Auflistung aller Tätigkeiten, besonders von denen, bei denen Sie nichts tun! Endlos Kicker-Illustrierte lesen, die Stadt ziellos hoch und runter laufen. Oder Talkshows im Fernsehen ansehen – von morgens früh bis spät in die Nacht. Was gibt es also Sinnvolles zu tun, das mich weiterbringt?

Meine 5F-To-do-Liste

- ❏ **Ich lese jeden Tag einen Fachartikel!**
- ❏ **Ich lese jede Woche ein neues Fachbuch!**
- ❏ **Ich investiere jeden Monat in einen FortbildungsTag!**
- ❏ **Ich gehe jede Woche einmal ins Fitness-Studio!**
- ❏ **Ich fahre jede Woche zweimal 1 Stunde Fahrrad!**

●●● Meine persönliche LeistungsKraft! ●●●

Ich möchte an dieser Stelle noch einmal auf das so viele geschmähte LeistungsPrinzip in unserer Gesellschaft eingehen. Die natürlichen Feinde des Menschen sind in den Augen vieler Menschen die Wirtschaft im Allgemeinen und die Unternehmer im Besonderen. Die Erkenntnisse und Überzeugungen daraus werden jeden Tag in allen Medien, besonders in Talkshows verbreitet: Arbeit macht krank! Burn-out! Fast die gesamte Nation ist ausgebrannt durch ständige Überforderung im Job!

Weshalb stellt niemand die Ergebnisse solcher Studien mehr in Frage? Es gibt das Burn-out-Syndrom. Natürlich. Das hat es immer schon gegeben. Die Studie der DAK hält mit ihrer eigenen Studie 2013 gegen die populären Aussagen. Das Syndrom ist deutlich weniger ausgeprägt, als das uns Politiker aus offenkundigem Eigeninteresse glauben machen wollen. Es gibt sogar seriöse Wissenschaftler, die ein „Geschäftsmodell" hinter diesem Phänomen vermuten. Ich will nicht näher darauf eingehen, sondern nur einmal eine gänzlich andere Frage stellen: Könnte es nicht sein, dass die Hauptursachen des Ausgebranntseins nicht im Beruf, sondern im privaten, im sozialen Umfeld jedes Einzelnen liegen?

Könnte es nicht die Inflation der sehr persönlichen Ansprüche sein, die sich in allen Schichten breit gemacht hat, wie wabernder Nebel? Die selbst auferlegte Hetze und Stress, die dadurch entstehen, diese Ansprüche auch finanziell bedienen zu müssen: die vier iPhones und die zwei iPads in normalen Arbeitnehmerhaushalten, die neuen HD-Flachbildschirme im Wohnzimmer, ein noch besserer im Schlafzimmer, die Kreuzfahrt durch die Karibik? Könnte es außerdem sein, dass viele den Abend nicht mehr als Feierabend nutzen, als Zeit zur Entspannung und aktiven Erholung, sondern sich bis nach Mitternacht passiv von 150 Fernsehprogrammen berieseln und erschlagen lassen – und sich deshalb am nächsten Morgen im Job wie erschlagen fühlen?

Es gibt den „Burn-out“ durch den Beruf, keine Frage – man sehe sich nur Schwestern und Ärzte im Krankenhaus an. Aber wenn Sie mal über alle Berufe und Branchen hinweg den Tatsachen ins Auge sehen, ergibt sich doch ein leicht anderes Bild, oder nicht? Wir arbeiten im Schnitt nur noch 7,5 Stunden an 5 Tagen die Woche, haben 7 Wochen Urlaub im Jahr. Was wollten denn unsere Eltern und Großeltern sagen, die noch sechs Tage in der Woche fünfzig Stunden zur Arbeit gingen und nebenberuflich Landwirte waren? Hätten die damals von „Burn-out“ geredet, wäre unser Land nie zum „Wirtschaftswunderland“ geworden.

Noch eine Zahl, über die wir in unserem übersättigten Sozialstaat mal nachdenken könnten: Laut OECD verbringt der Mensch in Deutschland nur noch 7,5 % (kein Schreibfehler!) seiner gesamten Lebenszeit in Stunden (von der Wiege bis zur Bahre) mit Arbeit zum Broterwerb! Damit wollen wir ein neunzig Jahre dauerndes Leben stressfrei finanzieren können? Herr lass Hirn vom Himmel regnen! Wenn der Herr es nicht regnen lässt, könnten wir selbst schon mal anfangen und uns fragen: Wie erhalte ich mir meine LeistungsKraft, was kann ich tun, um sie ganz konkret und spürbar zu stärken?

- ❑ **Gesund ernähren**
  mit einem hohen Anteil an natürlichen,
  unraffinierten Lebensmitteln – das macht Diäten überflüssig.

- ❑ **Gesund bewegen**
  dreißig Minuten 3 x pro Woche locker laufen,
  schwimmen oder radfahren genügen vollkommen.

- ❑ **Gesund geistig betätigen**
  ein Interessengebiet wählen, das Sie fordert
  und gleichzeitig entspannt.

Was daneben Ihre LeistungsKraft in ganz besonderem Maße aufrecht erhält und stärkt, ist eine starke Familie und ein starker Freundeskreis. Und die Kraft der Gedanken am Ende eines Tages:

Meine Einschlaf-Motivation!

Es gibt viele Menschen, die nicht gut einschlafen können. Die einen zählen deshalb Schafe. Die anderen versuchen krampfhaft, ihre Gedanken zu disziplinieren. Wieder andere schlucken Tabletten. Andere wiederum vertrauen auf ein altes Hausmittel: Milch mit Honig. Was ist es, das viele nicht einschlafen lässt? Es ist die Unruhe in unseren Gedanken. Wir waren und sind bis in den Schlaf hinein mit unzähligen Projekten beschäftigt, die unerledigt sind und uns deshalb bis in unsere Träume verfolgen. All diese Gedanken haben eines gemeinsam: es sind unangenehme, negative Gedanken, die uns auf Dauer die Lebensenergie rauben.

Warum denke ich so negativ?

Warum wir Menschen so gestrickt sind, dass am Ende des Tages oft nur das Negative hängen bleibt und unsere letzten Gedanken im Wachzustand beherrscht, kann ich Ihnen nicht sagen. Warum ist es so, dass wir an einem normalen Tag z.B. zehn Kundengespräche geführt haben, neun davon sind sehr gut gelaufen, wir haben Anerkennung bekommen, Zustimmung, Verständnis für Fehler gefunden, neue Aufträge bekommen. Eine tolle Tagesbilanz. Doch lassen wir es gedanklich zu, dass ein einziger, so ein richtiger „Kotzbrocken-Kunde" uns diese Tagesbilanz verdirbt. Denn wer liegt am Abend, zumindest geistig, neben uns im Bett? Der Kotzbrocken! Von den anderen, liebenswerten, zufriedenen, teilweise begeisterten Kunden ist keiner da. Und der Kotzbrocken macht sich richtig breit. Er zieht uns ständig die Bettdecke weg, er lässt uns einfach immer noch nicht in Ruhe, nein, er wiederholt sogar noch einmal seine Tirade, seine ungerechtfertigten Vorwürfe vom Morgen, er putzt uns noch einmal so richtig runter – und schon sind wir wieder putzmunter. An Schlaf nicht zu denken! Und die negativen Gedanken kommen und gehen, sie kehren zurück und nisten sich in jede Hirnwindung ein, bis wir endgültig in unsere „Arme-Sau-Rolle“ versinken: „Was habe ich eigentlich verbrochen, dass ich mich von einem solchen Blödmann, von einem solchen A... derart runtermachen lassen muss!?“

Warum denke ich nicht positiv?
Niemand muss müssen. Ich könnte ja kündigen! Aber wie blödsinnig wäre das denn? Absurd! Neun Kunden sagen: „Du bist ein toller Partner! Mit dir arbeite ich sehr gerne zusammen!“ Und ein einziger nörgelt an mir herum. Der eine nörgelnde Kunde ist der Preis für die wunderbaren anderen neun Kunden, die ich heute betreuen durfte. Und vielleicht meint er aber noch gar nicht mal mich persönlich, sondern die Umstände. Vielleicht ist ihm ja eine Laus über die Leber gelaufen. Vielleicht hat ihn selbst ja einer seiner eigenen zehn Tageskunden eine Stunde zuvor runtergeputzt, ihm die Anerkennung versagt. Und deshalb geht es ihm jetzt ganz schlecht, fühlt er sich ganz mies, weil er sich in seinem Selbstwert geschädigt. fühlt. Und deshalb verhält er sich mir gegenüber so patzig, so geringschätzig. Wertschätzen kann ich andere nur, wenn ich einen gesunden Selbstwert besitze.

Wann ist mein Tag wirklich was wert?
Was kann ich denn am vergangenen Tag wertschätzen? Was ist denn so positiv, dass es meine negativen Gedanken abschalten kann und ich zur Ruhe komme? Es beginnt beim Bewusstmachen! Machen Sie es sich immer wieder bewusst, worum es in Ihrem Leben geht: Was haben andere Menschen davon, dass es Sie gibt – Sie, als DienstLeister, der Sie anderen Menschen Wünsche erfüllen, deren Bedürfnisse befriedigen, deren Probleme lösen? Es ist und bleibt Ihre Persönliche ServiceQualität, Ihr Dienst am und für einen Menschen. Seit geraumer Zeit mache ich mir das täglich ganz plastisch am Ende eines Tages bewusst. Ganz konkret in diesen drei Schritten:

1. **Wem habe ich heute ein Problem gelöst, einen Wunsch erfüllt?**

___

Meine guten Gefühle dabei

2. **Was an meiner Arbeit hat mir heute eine besondere Freude bereitet?**

___

Meine guten Gefühle dabei

3. **Was habe ich heute konkret Neues gelernt?**

___

Meine guten Gefühle dabei

Was kann ich aus einem schwierigen, vielleicht gar unfairen Gespräch mit einem Kotzbrocken-Kunden lernen? Da steckt eine ganze Menge Lernstoff drin. Das wissen Sie sofort, wenn Sie mal an einen ganz konkreten Fall denken und ihn vor ihrem geistigen Auge noch einmal durchgehen. Das alles erfordert ein wenig Training, wie so vieles andere auch. Dann aber funktioniert es immer besser – und es ist wirklich sehr hilfreich, nicht nur beim Einschlafen.

●●● Meine persönliche SchaffensKraft! ●●●

Man kann viel arbeiten – und dennoch nichts zustande bringen. Wenn wir von SchaffensKraft sprechen, dann meinen wir damit, dass wir auch erfolgreich sind. **Erfolg ist nicht:** Mein Haus, mein Boot, mein Pferd. Die gehören in der Regel der Bank. Deshalb sind es auch die Erfolgsmotive aus der Sparkassen-Werbung.

- ❑ **Erfolg ist:**

  Das Erreichen meiner ganz persönlichen Ziele!

- ❑ **Ich baue meine Fähigkeit, ein gutes Ergebnis durch meine Arbeit zu erreichen, in vielen, kleinen Lernschritten aus.**

- ❑ **Ich setze mir am Anfang kleine, relativ leicht zu erreichende Ziele. Mein Unterbewusstsein wird dann viele kleine positive Haken machen:**

  Ja, erreicht, effektiv, effizient, erledigt, erfreulich!

- ❑ **Ich nutze die daraus erwachsende neue Energie, um auch deutlich größere Ziele zu erreichen.**

Sie können viel mehr, als Sie selbst für möglich halten. Jeden Tag berichten die Medien von unglaublichen Ergebnissen, die Menschen weltweit erzielen. Wenn Sie selbst bereits große Ziele erreicht haben – denken Sie nur an die Prüfungen, die Sie in Ihrem Leben schon abgelegt haben – dann macht Sie das stolz und zufrieden, ja glücklich. Jeder ist seines Glückes Schmied. Ich bin auch heute noch der Überzeugung, dass das weitgehend stimmt und es nicht der Staat ist, der seine Bürger glücklich zu machen hat. Das kann er gar nicht. Ein irreführender, wenn auch weit verbreiteter Trugschluss.

●●● Meine persönliche AnziehungsKraft! ●●●

Ihre LebensKraft ist mehr als die Summe der Teile, die wir hier besprochen haben, unserer AntriebsKraft, WillensKraft, TatKraft, LeistungsKraft und SchaffensKraft!

❑ **Was ich denke, strahle ich aus!**
Was ich ausstrahle, ziehe ich an!

Unser ServiceScan läuft ständig über alle Personen hinweg, denen wir begegnen. Und in 0,2 Sekunden wissen wir zumindest grob Bescheid, wie diese im einzelnen drauf sind, welche StrahlKraft sie besitzen – und welche dementsprechende AnziehungsKraft auf uns selbst.

Was macht Ihre AnziehungsKraft aus?
Das Verhalten, das aus Ihrer gebündelten LebensKraft gespeist wird. Es sind Ihre persönlichen und ganz besonderen Verhaltensweisen, die Sie im Umgang mit anderen Menschen besonders sympathisch und erfolgreich machen:

❑ **Ich löse die Probleme anderer Menschen!**

❑ **Ich schenke anderen Menschen**
meine ungeteilte Aufmerksamkeit!

❑ **Ich bringe anderen Menschen**
meine echte Wertschätzung entgegen!

Ich bin eine Marke!
Kein Teil der Masse!

3. Kondition

Mein ServiceProfil!

Meine Talente, Wissen und Können, meine Fähigkeiten und Fertigkeiten, mein DienstLeister-Profil.

❑ Welche Talente, Fähigkeiten und Fertigkeiten besitze ich?

❑ Welches besondere Wissen und Können befähigt mich?

❑ Wenn ich an meinen derzeitigen Stand im Berufsleben denke – wo stehe ich?

❑ Welche Abschlüsse habe ich erworben?

❑ Auf welchen Gebieten habe ich wertvolle Erfahrungen gemacht und besitze deshalb ein besonderes Know-how?

❑ Wie halte ich mich auf der Höhe der Zeit?

❑ Welche Fachzeitschriften lese ich?

❑ An welchen Fortbildungen – auch und besonders in Eigenregie in meiner Freizeit und auf meine Kosten – nehme ich teil?

❑ Welche Fachgebiete und Tätigkeitsfelder interessieren mich sonst noch?

❑ Welche Fähigkeiten und welche Fertigkeiten will ich in nächster Zeit unbedingt zusätzlich erwerben?

3.1 Meine Talente

Sollten wir uns nicht alle häufiger die Frage stellen: Was machst Du mit Deinem Leben, was tust Du mit Deiner Zeit? Vergeudest Du sie oder nutzt Du sie richtig? Die Verantwortung für das eigene Leben – das ist der Sinn unseres Lebens!

Taten!

Talente

Jeder von uns hat besondere Fähigkeiten und Talente geerbt. Und wir sind in der Welt, um diese Talente zu entfalten. Wissen ist nur dann Macht, wenn man was daraus macht! Und genau so ist es mit unseren Talenten. Die wahren Schätze liegen immer auf dem Meeresgrund. Solange sie dort unter Wasser vor sich hin schlummern, nicht entdeckt werden, nutzen sie Niemandem. Noch nicht einmal uns selbst.

Bergen Sie Ihre Schätze, Ihre Talente, Ihre Begabungen. Holen Sie sie hoch ans Tageslicht. Und dann entfalten Sie sie. Machen Sie sie nutzbar für andere Menschen. Dienen Sie der Welt mit Ihren Fähigkeiten und Fertigkeiten, mit Ihrem Wissen und Können – mit Ihren Taten. Und schon wird die Welt ein besserer Platz zum Leben.

- ❑ **Welche Talente habe ich?**
- ❑ **Was kann ich daraus machen?**
- ❑ **Was will ich tun, um meine Talente zu entfalten?**

Die Frage nach dem Sinn des Lebens!
Sinn hat Ihr Leben dann, wenn es Menschen gibt, die von Ihnen sagen: „Es ist gut, dass es sie bzw. ihn gibt!“ So einfach ist das mit der Frage nach dem Sinn des Lebens. Wir sind in der Welt, um zu dienen. Das müssen Sie gar nicht spirituell, religiös oder esoterisch sehen – Sie können das ganz pragmatisch verstehen: Wer dient, verdient! Dieses Dienen im praktischen Sinn hat etwas mit Ihrer Existenzsicherung zu tun.

Welchen Dienst können Sie anderen Menschen erweisen?
Das hängt in erster Linie von Ihren angeborenen Talenten ab. Ich selbst habe als Neunjähriger als Hausaufgabe einen Schulaufsatz geschrieben, die Geschichte einer Tier-Familie im Wald. Über dreiundzwanzig Heftseiten lang. Für einen so kleinen Jungen eine große Leistung. Und meine Eltern haben sich nicht gleich an den Schulrat gewendet oder den Lehrer verklagt, weil dieser den Kleinen derart überfordert habe. Denn ich habe es ja aus eigenem Antrieb gemacht, weil es mir großen Spaß gemacht hat.

Erst recht kam in mir eine sehr große Freude und Stolz auf meine Leistung auf, als **Dieter Siegel**, mein damaliger Lehrer in der „Volksschule“, unserer Zwergschule in meinem Heimatdorf, meine Geschichte vor allen Klassen der Schule vorgelesen hat, an meinem letzten Tag, bevor ich zum Gymnasium in die Kreisstadt gewechselt bin: „Er kann nicht nur sehr lebendig Geschichten erfinden und vor der Klasse und auf dem Schulhof erzählen. Er kann sie auch sehr packend und sehr bildhaft schreiben! Er wird sicher mal ein großer Schriftsteller!“

Das bin ich zwar nicht geworden. Aber dieses motivierende Schlüssel-Erlebnis war für mich dennoch der Beginn meiner beruflichen Entwicklung. Mit Texten & Reden habe ich meinen Lebensunterhalt verdienen können bis auf den heutigen Tag. Angespornt von meinem Lehrer habe ich in den kommenden Jahren bereits mein Talent Stück für Stück weiter ausgebaut – bis hin in die Oberstufe des Gymnasiums als Chefredakteur unserer Schülerzeitung und als Schulsprecher. Diesen Weg sind berühmte Fernsehleute und Zeitungs-Journalisten unserer Zeit ebenfalls gegangen. Die meisten waren viel intelligenter und besser und deshalb auch erfolgreicher als ich. Aber es gibt ja auch im Fußball sehr gute Landesliga-Spieler und eben Bundesliga-Spieler.

Es geht immer nur darum, sein Talent so weit wie eben möglich auszubauen und für sein Leben nutzbar zu machen. Es geht immer nur darum, sein Bestes zu geben, es zumindest immer wieder zu versuchen. Es geht darum, sein Talent mit nie endendem Wollen zu entfalten. Nicht jeder kann damit ins Fernsehen oder in die Bundesliga kommen. Aber auch ich habe mein Publikum gefunden, das mich schätzt, meine Art, meinen Stil, mein Wissen, mein Können. Und ich bin ein Spezial-DienstLeister für DienstLeistungs-Qualität geworden.

Passion!

Pension

Nach meinem berufsbegleitenden Studium der Betriebs- und Volkswirtschaftslehre, des Privat- und Öffentlichen Rechts, bin ich erfolgreich im Marketing und im Vertrieb eines Weltmarktführers tätig gewesen. Danach durfte ich als Gesellschafter-Geschäftsführer und Konzeptions-Texter dabei helfen, eine große Werbeagentur aufbauen. Und seit 1987 bis auf den heutigen Tag bin ich als Moderator, Referent, Coach, Trainer, Texter und Autor für WirtschaftsKommunikation unterwegs. Mein Schwerpunkt ist die

DienstLeistungs-Kultur im deutschsprachigen Raum – die ServiceMarke von Unternehmen – und die ServiceMarke, die Persönliche ServiceQualität, von Menschen. Außerdem habe ich eine Vielzahl von Handbüchern und Broschüren für die UnternehmensKommunikation großer Unternehmen konzipiert und geschrieben, drei eigene Fachbücher, darüber hinaus meine Kindheits- und Jugend-Geschichte DER EISENRING – von einem Bauernjungen, der auszog, das Leben zu lernen – und auch noch einen erfolgreichen Roman DURCH ALLE GEZEITEN – die Lebens- und Liebesgeschichte zweier reifer Menschen. Zwei weitere Bücher sind in Arbeit. Ein weiteres lesen Sie gerade.

Es war und ist meine Passion!
Muss man nicht all jene Menschen ohne eine Passion bedauern, die oft ein Leben lang einzig und allein auf ihr größtes Ziel hinarbeiten – ihre Pension – und sich dann ein Loch in den Bauch freuen, dass sie „es“ – ihr Berufsleben – endlich hinter sich haben!

Muss das ein langweiliges Leben gewesen sein, wenn man aufatmet, dass man es endlich hinter sich hat! Und das Schlimmste ist: die meisten von ihnen haben noch nicht einmal mehr etwas vor sich! Keine Ziele mehr und deshalb natürlich auch keine Motivation.

Wie war das noch mit Klaus Kobjolls Beitrag zur Motivation, der gefüllten Blase am Morgen!?

3.2 Meine Persönliche BestMarke!

Talente zu besitzen, ist das eine. Etwas daraus zu machen, ist das andere, das entscheidendere. Es gibt Menschen, die geben die Verantwortung für ihr eigenes Leben so früh wie möglich an den Staat, an eine Gewerkschaft, an eine Partei, an einen Sozial-Verbund, an ihren Vorgesetzten ab und machen sich einen schlanken Fuß, bzw. jammern ein Leben lang, dass alle anderen ja vorangekommen sind, ihnen selbst hat das Leben immer nur die Steine in den Weg gerollt. Eine solche Argumentation mag zwar bequem und außerdem sehr geschickt sein, immer nur andere verantwortlich zu machen. Ich meine, es ist einfach nur dumm. Und so dumm ist doch eigentlich niemand. Auch nicht immer die, die sich von anderen für dumm verkaufen lassen. Das Leben bleibt immer nur passiv, wenn wir es nicht aktiv in die eigenen Hände nehmen.

Persönlichkeiten!

Personal

Bin ich „Personal" – oder eine Persönlichkeit?

Der Begriff „Personal" geht mir immer nur ganz schwer über die Lippen bzw. fließt mir beim Schreiben immer nur ganz zäh und widerwillig aus meinen Fingern. Welcher Mensch ist schon gerne „Personal"? Das klingt nach: Befehlsempfänger, Inkompetenz, Des-Interesse, Gleichgültigkeit, Gleichartigkeit, Null-Nummer.

Personal – der Begriff passt in keiner Weise zur DienstLeistung.
Personal – das klingt wie: Geschlechtsneutrale Masse Mensch.
Personal – das ist einfach Gering-Schätzung in höchstem Grad.

Kunden, Gäste, Mandanten, Klienten und Patienten möchten ganz sicher nicht von „Personal“ abgefertigt, sondern von kompetenten hoch motivierten „Persönlichkeiten“ in Bestform betreut werden.

Marke!

Masse

Menschen machen Marken. Das haben wir in Kapitel 1 schon besprochen, in dem es um die Sogkraft des Unternehmens ging. Die Sogkraft des Unternehmens hängt von den drei großen P ab, von der Produkt-ServiceQualität, der Prozess-ServiceQualität und ganz entscheidend von der Persönlichen ServiceQualität der Mitarbeiter auf allen Ebenen, besonders aber der Mitarbeiterinnen und Mitarbeiter im KundenKontakt. Von diesen hängt es wesentlich ab, ob der Kunde wiederkommt oder nicht. Ihre Persönliche ServiceQualität ist gleichzeitig Ihre Persönliche Marke! Zur BestMarke werden Sie dann, wenn Sie in Ihrem **ServicePartner-Profil** auf der nachfolgenden Seite in jedem Kriterium den **Mindestwert 8** erreichen.

Auf der **Skala von 0 bis 10** bedeuten die einzelnen Zahlenbereiche:
0 bis 5 – Sie befinden sich in diesem Kriterium **„unter Wasser“** positiv ausgedrückt: unter Ihren Möglichkeiten!
6 bis 7 – Sie werden als **„Durchschnitt“** wahrgenommen, also als „Beschäftigter“, als „Dienst-nach-Vorschrift-Leister“.
8 bis 10 – Sie sind ein **„DienstLeister in Bestform“**, immer überdurchschnittlich, und wenn es die Situation oder der Kunde erfordert auch immer bereit, zeitweise bis an Ihre Leistungsgrenze zu gehen.

3.3 Mein ServicePartner-Profil

____

Vor- u. Nachname

❑	**Eigen-Motivation**	
o	dienstleistungsbereit	0 1 2 3 4 5 6 7 8 9 10
o	überzeugt und identifiziert	0 1 2 3 4 5 6 7 8 9 10
o	engagiert und zielstrebig	0 1 2 3 4 5 6 7 8 9 10
o	veränderungs-/lernbereit	0 1 2 3 4 5 6 7 8 9 10
o	lösungsorientiert	0 1 2 3 4 5 6 7 8 9 10
o	stress-stabil	0 1 2 3 4 5 6 7 8 9 10
❑	**Sozial-Kompetenz**	
o	gepflegte Erscheinung	0 1 2 3 4 5 6 7 8 9 10
o	aufmerksam freundlich	0 1 2 3 4 5 6 7 8 9 10
o	respektvoll höflich	0 1 2 3 4 5 6 7 8 9 10
o	kommunikativ offen	0 1 2 3 4 5 6 7 8 9 10
o	kooperativ im Team	0 1 2 3 4 5 6 7 8 9 10
o	zuverlässig vertrauenswürdig	0 1 2 3 4 5 6 7 8 9 10
❑	**Fach-Kompetenz**	
o	sicheres Können	0 1 2 3 4 5 6 7 8 9 10
o	umfassendes Wissen	0 1 2 3 4 5 6 7 8 9 10
o	vielseitig einsetzbar	0 1 2 3 4 5 6 7 8 9 10
❑	**Strategische Kompetenz**	
o	kann vernetzt denken	0 1 2 3 4 5 6 7 8 9 10
o	entwickelt eigene Ideen	0 1 2 3 4 5 6 7 8 9 10
o	besitzt FührungsPotential	0 1 2 3 4 5 6 7 8 9 10

© 2013 Die ServiceSchule

Die Interpretation der Begriffe
Ich möchte Ihnen hier lediglich ein paar kleine Impulse zu jedem Begriff geben. Die meisten davon verstehen sich sicher von selbst.

- ❑ Was ist unter dem jeweiligen Kriterium, unter den Begriffen, den Eigenschaftswörtern konkret zu verstehen?

- ❑ Woran kann man ihre Bedeutung im konkreten Verhalten festmachen?

❑ **dienstleistungsbereit** 0 1 2 3 4 5 6 7 8 9 10

Der ServiceScan ist hier angesprochen, die Wahrnehmung von Kunden und Kollegen, ob Sie ausstrahlen, Ihren Beruf zu mögen, gerne mit maximaler ServiceQualität zu dienen und zu helfen.

Dienstleistungsbereit zu sein allein genügt jedoch nicht. Die passive Bereitschaft muss zur aktiven Leistung werden. Ein einfaches Beispiel dazu aus dem Arbeitsalltag. Da geht meine Kollegin Monika mit einem Stapel Papier auf die Tür zu ihrem Büro zu. Ich sehe sie und frage aus sicherer Entfernung: „Monika – soll ich Dir helfen?“ Antwort in 90% aller Fälle? „Nein, nicht nötig, geht schon!“ Und ich sonne mich in meiner überaus großen DienstLeistungsbereitschaft: Ich bin doch ein toller Kerl. Ich habe sie gefragt! Sie hätte nur „Ja, gerne“ sagen müssen. Dann wäre ich ihr sofort zur Seite gesprungen. Genau um dieses jemandem „zur Seite springen“ geht es in der DienstLeistung:

„Warte einen Moment, Monika. Ich helf Dir sofort. Gib mir bitte mal den Stapel in die Hände. Und dann geh bitte voraus und öffne die Türen. Dann haben wir beide das gleich zusammen erledigt!“ So geht DienstLeistungsbereitschaft. Nicht reden! Tun!

❑ **überzeugt und identifiziert** 0 1 2 3 4 5 6 7 8 9 10

Ob Sie dieses Kriterium im oberen Bereich (8, 9, 10) erfüllen, das sieht man nicht nur an Ihrer Körpersprache. Ihre Kollegen und Ihre Kunden hören es auch an Ihren Worten, besonders in schwierigen Zeiten, wenn im Unternehmen im Moment nicht alles so läuft, wie es laufen sollte. Achten Sie mal auf Ihre Worte in der Kantine, wenn Sie während des Mittagsessens über Ihre Firma und über Ihre Arbeit sprechen. Ganz besonders auch am Abend, wenn Sie mit Ihrer Familie oder mit Freunden am Tisch sitzen. Entpuppen Sie sich dabei als Saboteur, oder als Botschafter?

❑ **engagiert und zielstrebig** 0 1 2 3 4 5 6 7 8 9 10

Wenn Sie eine Aufgabe übernehmen, und sei sie auf den ersten Blick noch so unbedeutend – welchen Ruf haben Sie? Sind Sie der „Komm-ich-heute-oder-komm-ich-Morgen“-Typ – oder weiß jeder, dass alle jederzeit auf Ihre zielsichere Mit-Arbeit bauen können?

❑ **veränderungs-/lernbereit** 0 1 2 3 4 5 6 7 8 9 10

Welche Worte hört man von Ihnen, wenn ein neues Ziel anzugehen ist, das ein Umdenken und ein neues Verhalten notwendig macht? Sind es in erster Linie die altbekannten Killerphrasen: „So ein Blödsinn. Das haben wir noch nie so gemacht. Das haben wir schon immer anders gemacht! Wenn das Sinn machen würde, dann hätte es die Konkurrenz längst schon gemacht!“ Oder sagen Sie sinngemäß: „Hmm..., das ist ja mal was ganz Neues. Da wollen wir doch mal sehen, wie wir das umsetzen können. Wird nicht so einfach werden. Aber ich denke, wir versuchen das mal. Hat jemand von Euch schon eine Idee? Kommt Leute, packen wir’s an!“

❑ **lösungsorientiert** 0 1 2 3 4 5 6 7 8 9 10

Für die einen ist das Glas immer halbleer, für die anderen immer halbvoll. Für die einen gibt es immer nur Probleme, für die anderen sind Probleme Chancen in Arbeitskleidung und sie suchen deshalb immer gezielt nach Lösungen. Welcher Typ sind Sie selbst?

❑ **stress-stabil** 0 1 2 3 4 5 6 7 8 9 10

Über nichts wird in der Arbeitswelt so viel gesprochen wie über Stress. „Der hat ständig Stress!“ – dieser Satz bekundet eine weit verbreitete gesellschaftliche Anerkennung des negativen Teils des Phänomens Stress, des DIS-Stress. Diese Art von Stress entsteht nur durch Überforderung oder Unterforderung. Daneben gibt es eine sehr heilsame Form von Stress, die das Immunsystem stärkt, die Menschen hohe Befriedigung verschafft: der EU-Stress. Der positive Stress, der entsteht, wenn Sie stolz darauf sind, etwas geschafft zu haben, wenn Sie eine große Herausforderung gemeistert haben, wenn Sie viel „geschafft“ haben. Diese Form von positivem Stress wird von den „Burn-out-Philosophen“ in unserem Land schlichtweg geleugnet. Weil diese Form von Stress die Arbeitsplätze von Sozialarbeitern, Soziologen und Psychologen gefährdet, denn diese Seelen-DienstLeister braucht dann keiner!

Wie erleben Sie Ihren Stress? Positiv oder negativ? Und wie erleben ihn Ihre Kunden? DienstLeister sehen sich in allen Sparten ständig steigenden Forderungen, Beschwerden, auch Anmaßungen der Kunden gegenüber. Die bereits beschriebenen Kotzbrocken treiben ihr Unwesen, es fällt so manch unfaires Wort. Wie sieht das bei Ihnen selbst aus, bleiben Sie da ruhig und gelassen? Reagieren Sie auf einen persönlich nicht gerechtfertigten Vorwurf aggressiv, oder schaffen Sie es, die Sache auf der sog. Sachebene, wie es sich unter Erwachsenen gehört, zu klären? Wenn Sie diesen Ruf vor sich hertragen, wird man Ihnen die persönliche Betreuung besonders schwieriger, anspruchsvoller Kunden übertragen. Daraus können Sie ganz sicher schon bald die nächste Stufe Ihrer Karriere zimmern. Nicht schlecht, oder?

❑ **gepflegte Erscheinung** 0 1 2 3 4 5 6 7 8 9 10

Es gibt Frauen und Männer, Kolleginnen und Kollegen, denen sieht man schon von Weitem an, dass sie ein gespaltenes Verhältnis zu Wasser und Duschgel in dieser Kombination haben. Manche nehmen auch ihre Zahnbürste in erster Linie zur Reinigung der filigranen Alufelgen-Speichen an ihrem Auto. Und wenn man in ihre Nähe kommt, kann man es auch riechen. Das belastet das Klima an einem Arbeitsplatz sehr. Das belastet vor allen Dingen den Kontakt mit Kunden. Ganz besonders dann, wenn wir eine DienstLeistung ausüben, bei der wir anderen Menschen ganz besonders nahe kommen, manchmal sogar hautnah. Wie wir von unserem Schöpfer geschaffen sind, wie wir aussehen, das können wir Gott oder den Eltern vorwerfen, aber es ist nicht zu ändern. Ob wir gepflegt sind oder nicht, das ist ganz alleine unsere eigene Verantwortung!

❑ **aufmerksam freundlich** 0 1 2 3 4 5 6 7 8 9 10

Der ServiceScan stellt schon beim ersten Abscannen fest, ob dort ein ServiceSchauspieler mit erkennbar künstlicher, antrainierter Freundlichkeit vor uns steht, oder ein echter ServicePartner. Und der Scan stellt auch fest, ob der DienstLeister gelangweilt ist oder sich gar gestört fühlt, ob er sich Zeit lässt oder sofort für uns da ist.

❑ **respektvoll höflich** 0 1 2 3 4 5 6 7 8 9 10

Respekt – das ist eine der besagten Sekundär-Tugenden im menschlichen Miteinander. Dabei ist es eine Primär-Tugend, an der man gleich erkennt, aus welchem Stall jemand kommt. Auch heute noch können Sie einem anderen Menschen, ganz gleich wie alt dieser ist, die Tür aufhalten. Auch heute noch können Sie dem anderen im Gespräch zuhören und müssen ihm nicht ständig ins Wort fallen, sondern warten respektvoll ab, bis dieser seine Meinung kund getan hat, obwohl das von der Politischen Klasse in Talkshows ja völlig anders vorgelebt wird. Kein Wunder, die würden sich ja auch niemals anmaßen, Führer und Vorbild zu sein, weil zumindest der eine Begriff in unserem Land völlig daneben ist, und der andere Begriff heute ebenfalls nichts mehr gilt. Manche Zeitgenossen haben keine Manieren, zeigen ein Benehmen, als lebten sie in der untersten Schublade. Andere Zeitgenossen dehnen ihren Freiheitsraum willkürlich aus, es macht ihnen absolut nichts aus, dass sie andere damit einengen. Jeder muss halt sehen, wo er bleibt. Manche haben sogar Unarten an sich, die ekelerregend wirken, spucken sogar in einem Café auf der Terrasse auf den Boden. All das sind Erscheinungsformen, die respektlos sind. Sie alleine entscheiden für sich, wie Sie es damit halten. Es ist Ihr Ruf, den Sie polieren oder ruinieren. Davon hängt es dann ab, ob Sie auf- oder absteigen. Sie haben es selbst in Ihrer Hand!

❑ **kommunikativ offen** 0 1 2 3 4 5 6 7 8 9 10

In jedem Kundenkontakt kommt es entscheidend darauf an, ob Sie dem Kunden zugewandt sind oder ob Sie abgewandt kommunizieren. Im letzteren Fall reden Sie dann am Kunden vorbei. Logisch! Im ersten Fall zeigen Sie ihm, dass Sie ihm zugetan sind, dass Sie ihm ungeteilte Aufmerksamkeit entgegenbringen, dass Sie sich voll und ganz für sein Problem interessieren, dass Sie ihm offen gegenüber auftreten, weil Sie nichts zu verbergen haben. Und dass Sie auch offen sind für seine Wünsche und Vorstellungen.

❑ **kooperativ im Team** 0 1 2 3 4 5 6 7 8 9 10

Ohne interne ServiceKultur gibt es keine externe ServiceKultur. Nur wenn wir uns auch intern, in unserem Team als DienstLeister verstehen, wenn wir auch intern unsere Persönliche ServiceQualität zum Erleben bringen, wird der Kunde das spüren und honorieren. DienstLeister sind in der Regel keine Einzelkämpfer, können es gar nicht sein, weil wir den wachsenden Kundenansprüchen künftig nur noch im Team gerecht werden können. Da gehört Ihre ganz persönliche Bereitschaft dazu, in die Lücke zu springen, wenn Ihnen diese auffällt, da dienen Sie mit Ihrem besonderen Spezialistentum einem Kollegen, der bei seinem Kunden damit Eindruck machen kann, ohne dass Sie diesen Erfolg dann in der Kantine deutlich hörbar für alle für sich reklamieren. Wir arbeiten zusammen, auch unmerklich hinter den Kulissen, damit diejenigen, die gerade auf der Kundenbühne stehen, dort den Applaus abholen können, den sie dann gerne hinterher mit allen Beteiligten teilen.

❑ **vertrauenswürdig** 0 1 2 3 4 5 6 7 8 9 10

Ein Mann ein Wort. Gilt natürlich in gleicher Weise für die Frau. Wichtig ist, dass diese Grundregel für jeden von uns im Team gilt. Das Vertrauen anderer bekommen Sie nicht geschenkt, auch wenn wir in unserer Sprache begrifflich davon sprechen. Vertrauen verdienen Sie sich in der Praxis durch konkretes Verhalten. Sie kennen Menschen, auf die man sich „blind" verlassen kann. Die Wort halten. Die ihr Versprechen einlösen, egal wie schwierig es auch manchmal für sie sein mag. Sie haben es versprochen, also halten sie es auch. Wenn Sie im Kontakt mit solchen Menschen stehen, dann wissen Sie, dass auch die anderen Eigenschaften dieses Profils sehr oft ebenfalls hundertprozentig, sprich in der Skala von 8-10, von diesen Menschen gelebt werden – zur Nachahmung empfohlen!

❑ **sicheres Können** 0 1 2 3 4 5 6 7 8 9 10

Ob im „Beratenden Einzelhandel", in einer Steuerkanzlei, im technischen Kundendienst – die Problemlösungs-Kompetenz ist die Basis jeglicher professionellen DienstLeistung.

❑ **umfassendes Wissen** 0 1 2 3 4 5 6 7 8 9 10

Es gibt Frauen und Männer, die könnte man durchaus als wandelndes Wikipedia bezeichnen (früher Lexikon). Sie verfügen über eine verblüffend große Allgemeinbildung auf verschiedensten Gebieten und über vollkommenes Spezial-Wissen in ihrem Beruf. Erkennen kann man diese Menschen daran, dass sie ständig von anderen Menschen um Rat gefragt werden. Von Kollegen und Kunden. Ihr Wort hat Gewicht! Die Frage bleibt immer: Wie sind sie dazu gekommen? Hat ihnen dieses Wissen jemand eingetrichtert? Haben die in ihrer Freizeit nichts besseres zu tun als zu lesen? Unter Umständen sogar noch Unterlagen aus der Firma? Diese Streber! Da bin ich doch heilfroh, dass ich anders, sprich normal bin. Krieg ich mehr Geld, wenn ich mehr weiß? Wohl kaum. Denn der neue Tarifabschluss gilt doch für alle! Wozu soll ich mir also den Allerwertesten aufreißen? Geht doch auch so. Und irgendwann so nach zwanzig Jahren werde ich sicher auch so befördert. Weil ich dann einfach mal dran bin! Da wäre ich mir nicht so sicher, lieber Kollege! Leuten mit umfassendem Wissen wird man irgendwann die Chance geben, noch anspruchsvollere Aufgaben und die Verantwortung für andere zu übernehmen, die sie dann an ihrem Wissen teilhaben lassen dürfen.

❑ **vielseitig einsetzbar** 0 1 2 3 4 5 6 7 8 9 10

Das ist ein Kriterium, das nicht ganz so wichtig ist wie die anderen. Ich bin überzeugt davon, dass wir zwar auch Generalisten brauchen, die Zukunft jedoch den Spezialisten gehört. Dennoch gehört eine gewisse Erfahrungsbreite dazu. In der Zukunft werden wir eine andere Form von Arbeit als die Normalform erfahren: Spezialisten sind nicht mehr nur auf längere Zeit an einem festen Arbeitsplatz zu Hause, sondern wechseln ständig die Unternehmen, um dort in wechselnden Projekten, in wechselnden Teams ihr Spezialistentum als DienstLeister einzubringen. Bereiten Sie sich gezielt darauf vor!

❑ **kann vernetzt denken** 0 1 2 3 4 5 6 7 8 9 10

Die DienstLeistungs-Welt wird immer komplizierter, unübersichtlicher und vielfältiger. Da hilft es sehr, wenn jemand „den Durchblick“ hat, sprich den Überblick, dass dieser Jemand weiß, was alles an einer Entscheidung, einer Maßnahme dran hängt, wer alles davon in welcher Weise betroffen ist. Das gibt ihm die Möglichkeit, sehr viel genauer, weil vorausschauender, zu planen, das Projekt-Management auch für größere, bedeutendere Projekte und Aufgaben zu übernehmen.

❑ **entwickelt eigene Ideen** 0 1 2 3 4 5 6 7 8 9 10

Es gibt gottseidank in jedem Unternehmen Menschen, die nicht einfach jeden Morgen zur Arbeit gehen, sondern bei ihrer Arbeit hellwach sind und sich vornehmen, diese Arbeit besonders gut zu tun, ihre Aufgaben besonders effizient und effektiv zu lösen. Das sind die „Mit-Arbeiter“, „Mit-Denker“, „Mit-Unternehmer“.

In der sinnigen Einrichtung des „Betrieblichen Vorschlagswesens“ verdienen sich solche „Mit-Gestalter“ so manch zusätzliches namhaftes Einkommen. Weil sie nicht einfach so vor sich hin arbeiten, sondern mit-denken. Und dabei fallen ihnen oft verblüffende Lösungen ein, wie man etwas besser, sinnvoller anpacken kann. Und an diesem betriebswirtschaftlichen Vorteil lassen dann wertschätzende Unternehmer ihre Mit-Denker teilhaben. Das ist das, was wir brauchen. Spitzen-Leistungen bringen ein Unternehmen, ein ganzes Land voran. Und nicht immer mehr Sozial-Leistungen.

❑ **besitzt FührungsPotential** 0 1 2 3 4 5 6 7 8 9 10

Wer mit Menschen gut kommunizieren kann, wer ständig versucht, auch Kollegen positiv zu beeinflussen, wer charakterstark ist, wer sich selber gut führen kann, der kann auch andere Menschen führen!

Der PSQ-Faktor des Porsche-Azubis!
Meine berühmte Kollegin Anja Förster hat ihr Erlebnis geschildert, das sie bei einem Vortrag bei Porsche hatte. Sie steht in der Pause mit anderen Gästen an einem Bistro-Tisch in der Lobby. Was haben Bistro-Tische so an sich? Richtig! Sie wackeln schon mal.

Da nimmt sie einen ganz jungen Mann im dunklen Anzug mit weißem Hemd und Krawatte wahr, wie er aufmerksam durch den Raum geht und danach schaut, ob alle Gäste gut versorgt sind.

„Sie schickt mir der Himmel", spricht Anja Förster ihn an, „Schauen Sie, der Tisch wackelt ziemlich. Könnten Sie uns bitte ein Bierdeckelchen bringen, das wir unterlegen können?" Darauf der junge Mann: „Sehr gerne, meine Dame, ich kümmere mich sofort darum. Ganz kleinen Moment, bitte!" Und es dauert wirklich nur einen kurzen Moment, bis er wieder zum Tisch zurück kommt – aber ohne ein Bierdeckelchen! Anstelle dessen hat er einen Inbus-Schlüssel in der Hand, kniet sich neben dem Tisch auf den Boden, bittet Frau Förster, ihm Rückmeldung zu geben, wenn der Tisch wieder stabil ist – „Ich justiere die Standbeine mal eben neu – das haben wir gleich!" In nicht mal einer Minute ist alles gerichtet. Der junge Mann erhebt sich vom Boden, wischt sich den imaginären Staub vom Knie, schaut Anja Förster lächelnd an und sagt:

❑ **„Mit Verlaub, gnädige Frau –
wir hier bei Porsche arbeiten nicht mit Bierdeckelchen!"**

Das ist es, was ich meine, wenn ich von Persönlicher ServiceQualität spreche – von zuvorkommender KundenBetreuung, gepaart mit Identifikation und Stolz. Um diese Best-Leistung geht es in jedem einzelnen Unternehmen – ob klein oder groß – ob lokal oder international aktiv. Um diesen Faktor geht es, wenn wir von der Persönlichen BestMarke von DienstLeistern sprechen – von Ihrer persönlichen Voraussetzung für noch mehr Erfolg in der Zukunft!

DelphinRhetorik

- **echt!**
- **ehrlich!**
- **engagiert!**

**Wert-Schätzung
ist die Grundlage jedweder
Wert-Schöpfung!**

4. Kommunikation

Mein ServiceDialog!

Mein Auftreten, meine Ausstrahlung, meine Anziehungskraft – mein persönlicher, telefonischer, schriftlicher Dialog mit Kunden und Kollegen!

- ❑ Welcher persönliche Stil prägt mein Erscheinungsbild, mein Auftreten, meine Ausstrahlung?

- ❑ Kann ich aktiv zuhören – oder stehen in Gedanken immer nur meine eigenen Argumente im Vordergrund?

- ❑ Wie spreche ich mit Kollegen und Kunden? Wie spreche ich über Kollegen und Kunden?

- ❑ Welche Sprachmuster sind mir eigen? Eher negativ – oder eher positiv geprägt?

- ❑ Wie gehe ich mit schwierigen Kunden um – wie mit denen, die ich sehr mag – wie mit denen, die ich nicht mag?

- ❑ Fragt man mich nach meiner Meinung, hat mein Wort Gewicht, habe ich wirklich etwas zu sagen?

- ❑ Wie spreche ich selbst über mein Unternehmen, über meine Aufgabe, über unsere Ziele – im Unternehmen und in meinem Freundeskreis, in meinem sozialen Umfeld?

- ❑ Wie spreche ich über Erfolge – wie über Misserfolge?

- ❑ Bin ich eher „Botschafter“ oder „Saboteur“?

4.1 O S K A R – mein ErfolgsGeheimnis!

Im Leben gibt es drei Sichtweisen: Wie ich die Welt sehe. Wie der andere die Welt sieht. Und wie die Welt tatsächlich ist. Daran wird schon deutlich, wie schwer es ist, die Welt aus der Sicht anderer zu sehen. Wie sagen die Indianer so schön: Wenn Du einen anderen Menschen verstehen willst, dann lauf erst 1000 Meilen in seinen Mokassins!

Was macht Menschen besonders erfolgreich? Ihre Kunst, mit anderen Menschen in deren Werte-Welt zu kommunizieren. Kunden verleihen Ihnen den ServiceOSKAR, wenn Sie die Bedeutung der Buchstaben für sie immer wieder in Bestform zum Erleben bringen:

O für **OHR**

S für **SPRACHE**

K für **KÖRPERSPRACHE**

A für **AUGE**

R für **RÜCKKOPPLUNG**

4.2 Das O von OSKAR – mein Ohr!

Das wichtigste Bedürfnis aller Menschen ist: **ANERKENNUNG!** Angenommen zu sein, anerkannt zu sein, ja, gar geliebt zu sein, Bedeutung zu haben, dazu zu gehören – all das sind Ausprägungen für das wichtigste Lebensmotiv von uns Menschen überhaupt. Erst danach folgt das Bedürfnis **SICHERHEIT**. Und erst dann spielt das Bedürfnis nach **WIRTSCHAFTLICHKEIT** eine Rolle, und deshalb spielt der Preis nicht, wie viele oft meinen, die erste Geige in diesem Bedürfnis-Konzert! Schließlich und endlich verspüren wir noch das Bedürfnis nach **BEQUEMLICHKEIT**. Wenn Sie einen „guten Draht" zu einem Menschen haben, also eine sehr gute Verbindung, dann liegt es in erster Linie daran, dass Sie seine besondere Wert-Schätzung gerade deshalb genießen, weil Sie selbst ihm eine besondere Wert-Schätzung entgegenbringen, weil Sie Ihrem Gegenüber immer mit ungeteilter Aufmerksamkeit folgen, weil Sie ihm sehr konzentriert zuhören, weil sie ihn immer wieder erkennen lassen, dass Sie voll und ganz bei ihm sind. Damit gewinnen Sie sehr schnell die volle Sympathie von Menschen, dann gewinnen Sie Vertrauen, Zustimmung, Aufträge!

Die Checklist-Technik!
Sie können sie anwenden im persönlichen Beratungsgespräch, jedoch genauso am Telefon. Kündigen Sie an, dass Sie sich vom Gespräch eine Checkliste anlegen möchten, um nichts Wichtiges zu vergessen (Signal: ANERKENNUNG!). Hier das einfache Muster:

CHECKLIST ZU PROJEKT:

- **Besprechungspunkt**
  - ❑ Unterpunkt 1
  - ❑ Unterpunkt 2
  - ❑ Unterpunkt 3

Zum einen geht wirklich nichts verloren und Sie erhalten damit eine gute Arbeitsunterlage, können also Punkt für Punkt abarbeiten und abhaken – deshalb verwende ich persönlich sehr gerne die kleinen Quadrate aus den Sonderzeichen von WORD vor jedem Haupt-Besprechungspunkt, weil diese zum Abhaken einladen. Zum anderen bietet sich Ihnen am Ende des Gespräches eine sehr gute Möglichkeit, sich schon einmal eine Reihe kleiner JA's von Ihrem Gesprächspartner abzuholen, kleine wertvolle Zustimmungen, wenn Sie zum Abschluss sagen:

❑ **„Darf ich die einzelnen Punkte noch einmal kurz wiederholen, um sicher zu sein, dass ich nichts vergessen habe?"**

Dann lesen Sie die Haupt- und Unterpunkte noch einmal einzeln nachfragend vor ... und Sie erhalten in der Regel dann immer ein Nicken, ein JA, eine Zustimmung. Diese einzelnen kleinen JA's addieren sich dann im Unterbewusstsein des Kunden oder Interessenten zu einem inneren großen

JA – hier bin ich richtig!

Ich persönlich löse dann die einzelnen Blätter von meinem A4-Block und bitte meinen Gesprächspartner, mir eine Kopie der Blätter zu ziehen und die Originale bei sich zu behalten, um den Fortschritt des Projektes auch für sich selbst kontrollieren und steuern zu können.

Damit hat der Kunde oder Interessent dann gleich einen „Vorgang" bei sich auf dem Schreibtisch, eine positive Akte, die mit meinem Namen, mit meinem Trainingsinstitut Die Serviceschule verbunden ist. Nicht gar so schlecht, oder?

4.3 Das S von OSKAR – meine Sprache!

Nehmen Sie grundsätzlich, so oft es geht, den SIE-Standpunkt ein und verbinden Sie diesen mit einem TU-Wort – diese Wortart besitzt den Schlüssel zur rechten Hirnhälfte der Kunden (aller Menschen) – und dann ist die Wahrscheinlichkeit groß, dass der Kunde auch das tut, was er tun soll – wenn wir in seiner Welt, in seinen Bildern, in seinem Nutzen-Verständnis zuhause sind.

Nicht:	**WIR bieten** Ihnen drei Alternativen!
Sondern:	**SIE wählen** bei uns unter drei Alternativen!

- ❑ **SIE sichern sich...**
- ❑ **SIE gewinnen...**
- ❑ **SIE sparen...**
- ❑ **SIE nutzen...**
- ❑ **SIE erweitern...**
- ❑ **SIE belohnen...**
- ❑ **SIE motivieren...**
- ❑ **SIE verdienen...**
- ❑ **SIE genießen...**
- ❑ **SIE vermeiden...**

Das alles soll nicht bedeuten, dass Sie das ICH oder das WIR völlig vergessen sollten. Nein, ganz und gar nicht. Immer dann, wenn Sie dem Kunden eine Zusage machen, dann dürfen Sie diese selbstverständlich mit Ihrem Namen, mit Ihrem persönlichen ICH verbinden. Wie Sie den WERT Ihrer DelphinRhetorik durch die Verwendung von einzelnen, zusätzlichen Wert-Wörtern erheblich steigern können, will ich Ihnen an diesem einfachen Beispiel zeigen:

- **Ich kümmere mich darum!**

Schon alleine diese kurze DienstLeister-Bestätigung an den Gesprächspartner bedient sein Motiv BEQUEMLICHKEIT. Sie können Ihre Bestätigung jetzt in ihrer Wertigkeit noch weiter nach oben fahren, wenn Sie ein weiteres kleines Wert-Wort einfügen:

- **Ich kümmere mich „sofort“ darum!**

Sie spüren aus Kundensicht, wie dieses Wort „sofort“ Ihre Bestätigung schneller und dynamischer macht. Damit bedienen Sie dann gleichzeitig das Partner-Bedürfnis nach SICHERHEIT.

- **Ich kümmere mich sofort „persönlich“ darum!**

Das Wert-Wort „persönlich“ ist eines der Schlüsselwörter in Ihrer DelphinRhetorik, weil es Ihr persönliches Engagement, Ihre besondere DienstLeistungs-Bereitschaft sofort erkennen lässt. Sie sehen an diesem kleinen Beispiel, wie einfach es ist, sich eine wirkungsvolle, wert-schätzende DienstLeister-Rhetorik anzueignen.

- ❑ **Ich versetze mich immer ganz kurz in die Gefühls-Welt meines Gegenüber!**
- ❑ **Ich wähle dann bewusst eine kundenorientierte Einstellung!**
- ❑ **Ich wähle immer zuerst meine Einstellung – und dann die Telefon-Nummer, meinen ersten Satz im Gespräch, meinen ersten Satz in einem Brief!**

Sie werden sehen und spüren, wie Sie mit einfachen Mitteln zum Top-Rhetoriker werden, zu einem sympathischen Kommunikator, weil Sie mit Ihrer DelphinRhetorik Menschen sehr viel leichter für sich, Ihre Ideen und Vorschläge gewinnen.

Wie sprechen Sie mit und über Kunden und Kollegen?
Es ist ein unverkennbarer Ausdruck Ihrer UnternehmensKultur, wie Sie intern von Kunden sprechen. Wert-schätzend, in dem Bewusstsein, dass die Kunden Ihre Arbeit-Geber sind? Oder eher gering-schätzend, so dass sofort deutlich wird, dass Kunden eher als Störenfriede empfunden werden?

Hören Sie in nächster Zeit einmal genau hin! Die Kultur erkennen Sie an kleinen Gesten und Worten. Ich sitze neben einer Dame im Innendienst eines Unternehmens. Das Telefon klingelt. Die Nummer des Anrufers erscheint im Display. „Aha, ER schon wieder!" Und sie untermalt ihre Geringschätzung zusätzlich dadurch, dass sie Ihren am Schreibtisch gegenüber sitzenden Kollegen dabei ansieht und die Augen rollt. Damit aber noch nicht genug – sie hält den Hörer in der linken Hand und zeigt dem Kunden am Telefon den „Stinkefinger" ihrer rechten Hand. Klar, kann der Kunde ja nicht sehen. Aber er kann sofort mithilfe seines ServiceScans die mangelnde, die gering-schätzende Einstellung der jungen Dame erkennen. Und prompt geht das Gespräch schief. Von InnenDienst keine Spur. Hier sitzt eine Sach-Bearbeiterin, keine Kunden-Betreuerin. Es flickt und flackt minutenlang hin und her. Sie gerät unter Stress. Ihre Antworten und Aussagen werden immer kürzer und spitzer. Und mit den Worten: „Okay, dann müssen Sie halt den Chef anrufen. Tun Sie, was Sie glauben, tun zu müssen!" Dann feuert sie den Hörer auf die Gabel. Und noch im Fallen des Gerätes schickt sie dem unzufriedenen Kunden noch ein herzhaftes „A....loch" hinterher. Könnte sein, dass dieser es noch gehört hat...

Ein Einzelfall? Mitnichten. Regelfall! Jeden Tag. In unzähligen Unternehmen. Manche Beschäftigte dort – nicht die Mit-Arbeiterinnen und Mit-Arbeiter – haben eine Reihe von Kosenamen für ihre Kunden. In einem Reiseunternehmen hatten Kunden aus dem Ruhrgebiet den schmückenden Beinamen: „Sand-Wixxer!" Schuld daran war der Chef selbst. Er berichtete von einem Flug, bei dem er vor einem Ehepaar aus Gelsenkirchen gesessen hatte. Und als ein kleiner Snack während des Fluges gereicht worden war, hatte die Frau den Mann in ihrem Gelsenkirchener Dialekt gefragt: „Erich, willste dat Sandwixx nicht mehr?“

Damit hatte der Chef dann gleich nach seiner Ankunft im Haus alle Lacher auf seiner Seite. Das „Sandwixx“ machte die Runde. Bis ein junger kreativer Beschäftigter – und Beschäftigte sind in solchen Dingen hoch kreativ, solange es nicht um ihre Arbeit geht – bis also dieser junge Mann dem Ganzen die Krone aufsetzte und erstmals den Begriff „Die Sand-Wixxer“ prägte. Wie ein Lauffeuer setzte sich dieser in kürzester Zeit durch und prägt seither die FirmenKultur. Schuld daran hatte ausschließlich der Chef selbst. Denn die Menschen folgen in der Regel immer dem Vorbild. Dabei macht es in der Regel auch keinen Unterschied, ob dieses Vorbild positiv oder negativ ist. Es wirkt immer und zieht Konsequenzen nach sich – ob positive oder negative.

Wie gehen Sie mit schwierigen Kunden um?
Wähle Deine Einstellung, bevor Du in den KundenKontakt hinein gehst. Ob am Telefon, im Brief oder im direkten Kontakt, bei einem Besuch! Tun Sie es konsequent. Immer wieder neu! Solange, bis Ihnen diese Regel wirklich in Fleisch und Blut übergegangen ist. Es zahlt sich für Sie aus! Glauben Sie es mir! Begegnen Sie Ihren schwierigen Kunden deshalb immer besonders aufmerksam und wert-schätzend. In der Regel sind es keine „Kotzbrocken“, wie sie üblicherweise in vielen Unternehmen heißen, sondern besonders anspruchsvolle Menschen!

Besonders anspruchsvolle Kunden bieten Ihnen eine große Chance. Ihrem Unternehmen und Ihnen ganz persönlich. Wenn Sie die Probleme bedeutender Kunden besser lösen als andere, werden Sie selbst für diese Kunden immer bedeutender. Machen Sie sich deshalb immer wieder neu diese Zusammenhänge bewusst:

- ❑ **Haben nicht alle Kunden ein Anrecht darauf, sehr anspruchsvoll zu sein?**

- ❑ **Haben sie nicht alle ein Anrecht darauf, dass ich mich in besonders zuvorkommender Weise um sie kümmere?**

- ❑ **Sind sie nicht gerade deshalb zu uns ins Unternehmen gekommen, weil wir damit werben, besonders aufmerksam, kompetent, kundenorientiert zu sein, und besonders anspruchsvoll, was unsere eigene Qualität angeht?**

Begreifen Sie schwierige, besonders anspruchsvolle Kunden als persönliche Herausforderung und Chance für sich selbst. Und wenn Sie danach bewusst kommunizieren und handeln, dann tun Sie damit das Beste für Ihren dauerhaften Erfolg! Machen Sie daraus auch keinen Hehl, sagen Sie es dem Kunden, wie wichtig er für Sie ist. Sagen Sie ihm, dass er Ansporn für Sie ist. Lassen Sie es einen besonders anspruchsvollen Kunden von Anfang an spüren, dass Sie seine Erwartungen als große Herausforderung begreifen und dass Sie alles tun werden, um gerade ihn nicht nur zufriedenzustellen, sondern geradezu zu begeistern: „Sie sind einer unserer anspruchsvollsten Kunden. Und deshalb versichere ich Ihnen, dass ich alles tun werde, um Sie rundum zufrieden zu stellen. Das wird nicht ganz einfach werden. Aber ich werde das schaffen. Damit ich auch wirklich keinen einzigen Punkt von Ihnen vergesse, möchte ich mir gerne jetzt gleich zusammen mit Ihnen eine Checklist für mein Projekt-Management machen. Meine erste Frage....“

Sie erkennen die Checkliste wieder? Das Instrument, mit dem Sie die Bedürfnisse ANERKENNUNG und SICHERHEIT besonders bei anspruchsvollen Kunden abdecken und befriedigen. Mit dieser ServiceKommunikation, mit diesem Verhalten – und natürlich mit dem begeisterten Endergebnis – machen Sie gerade einen anspruchsvollen Kunden zu einem Botschafter Ihres Hauses! Denn wenn ein solch anspruchsvoller Mensch in seinem Umfeld, im Kreis von Geschäftsfreunden Sie und Ihr Unternehmen auf das Höchste lobt, Ihre Produkt-, Prozess- und besonders auch Ihre Persönliche ServiceQualität, dann haben Sie das Beste für die Zukunft Ihres Unternehmens getan, das Beste für die Sicherung Ihres eigenen Arbeitsplatzes, und mit Sicherheit auch das Beste für Ihre eigene Karriere, für den eigenen Aufstieg in Ihrem Unternehmen! Denn Sie werden mit Ihrer überragenden Persönlichen ServiceQualität auffallen, Ihr Wort im Kollegen- und Führungskreis Ihres Unternehmens wird zunehmend Gewicht erhalten. Und wenn eine neue, anspruchsvolle Position neu besetzt werden muss, Sind Sie die absolut „Erste Wahl“. Kompetenz erhält man nicht! Kompetenz erwirbt man sich! Sie werden nicht wie ein Beamter befördert, weil Sie „dran“ sind. Sie werden gefördert und befördert, weil Sie der Beste, die Beste für die Aufgabe sind!

Wie sprechen Sie „draußen“ von Ihrem Unternehmen?

Es gibt nicht nur Beschäftigte, die sich in der Kantine ständig und täglich negativ über ihr Unternehmen auslassen, nein, das genügt ihnen nicht. Es gibt sehr viele Beschäftigte, die betätigen sich in ihrer Freizeit, im Urlaub, im Verein, in der eigenen Familie, in ihrem Freundeskreis und in der Nachbarschaft als aktive Saboteure ihres eigenen Arbeitsplatzes. Denn sie kommunizieren nach dem Muster:

- **„Ich hab den Eindruck, ich arbeite nur noch mit „A...löchern“ für „A...löcher!“**

In schwierigen Unternehmenssituationen setzen sie noch einen drauf: „Hab ich immer schon gesagt. Nur Versager da oben. Und darunter nur Speichellecker und Bücklinge. Ich bin einer der wenigen, der sich traut, in diesem Sauladen den Mund aufzumachen. Aber wir werden es denen da oben schon zeigen!“

Aber die Erwartung, dass das Unternehmen bis dahin, also bis zum Zeigen, pünktlich zum Monatsende den Lohn, das Gehalt überweist, die bleibt natürlich bestehen. Denn Geld stinkt ja bekanntlich nicht. Dafür stinkt ein solches Verhalten zum Himmel! Gerade in schwierigen Zeiten kommt es besonders darauf an, alles zu tun, was die Situation wieder verbessern hilft. Das ist nicht nur die Verantwortung der Geschäftsleitung. Das ist auch die Mit-Verantwortung aller Mit-Arbeiter. Solche Mit-Arbeiter, Mit-Denker, Mit-Gestalter sprechen ein wenig anders von ihrem Unternehmen, besonders in schwierigen Zeiten, wenn sie von Kunden, Freunden und Bekannten darauf angesprochen werden: „Ja, wir erleben zurzeit eine schwierige Zeit. Die Aufträge sind wegen der Krise in allen Märkten zusammengebrochen. Aber wir werden das wieder hinkriegen. Wir arbeiten seit Wochen schon ganz eng über alle Bereiche hinweg zusammen. Da gibt es kein Oben, kein Unten. Bei uns weiß jeder, dass es auf jeden Einzelnen ankommt. Unsere besondere Qualität hat uns stark gemacht. Und die wird uns auch wieder aus dieser Krise heraus helfen. Wir sind ein toller Haufen. Wir schaffen das! Da bin ich ganz sicher!"

Den Botschaftern gehört die Zukunft!

Wer so spricht, wer sich als ein solcher Botschafter betätigt, der hat einen Anspruch auf seinen Arbeitsplatz, der hat Anspruch darauf, dass er nach der Krise ein höheres Gehalt bekommt. Nur die, die jeden Monat das Beste dafür geben, aus ihrem Monats-Gehalt einen Monats-Verdienst zu machen, die haben eine solche Konsequenz auch verdient. Wenn Sie im Monat nur so viel für Ihr Unternehmen erwirtschaften, wie Sie kosten, dann muss sich die Geschäftsleitung die Frage stellen, warum sie Sie „beschäftigt". Denn auch Ihr Unternehmen ist keine Sozial-Einrichtung, keine Erwachsenen-Tagesstätte mit ergotherapeutischer Betreuung. Unternehmen sind Spitzen-Leistungs-Zentren. Wenn Sie da nicht mehr dazu gehören wollen, dann ziehen Sie doch die Konsequenzen: Kündigen Sie! Suchen Sie sich ein kuscheliges Sozial-Plätzchen!

Wie wert-schätzend kommuniziere ich?
Achten Sie in Zukunft einmal vermehrt darauf, welche Worte die DienstLeister verwenden, die Sie bedienen, Ihnen ein technisches oder ein sonstiges Problem lösen, die Sie beraten, betreuen, begleiten. Achten Sie auf deren Sprachmuster, auf ihre positive oder negative Prägung, auf ihre Nilpferd-, Spitzmaus- oder DelphinRhetorik.

DelphinRhetorik!

Nilpferd- oder Spitzmaus-Rhetorik

Gleichgültige Nilpferd-Rhetorik
und hochnäsige Spitzmaus-Rhetorik

- Dafür bin ich nicht zuständig!
- Dafür kann ich doch nichts!
- Sie haben mich falsch verstanden!
- Ich glaube nicht, dass das geht!
- Ich könnte höchstens versuchen...
- Da muss ich mir zuerst mal Ihre Akte ziehen!
- Es ist keiner mehr da und ich habe jetzt Feierabend!
- Da müssen Sie schon am Montag noch mal anrufen!

Kommen Ihnen einige dieser Redewendungen irgendwie bekannt vor? Hoffentlich haben Sie diese ausschließlich schon mal von anderen – und nicht von Ihnen selbst ausgesprochen – gehört!?

Beziehungen zwischen Menschen, zwischen Freunden, und deshalb auch zwischen Geschäftsfreunden gehen in der Regel nicht an einem heftigen Streit zugrunde. Die Versöhnung danach kann recht angenehm sein! Beziehungen, ganz besonders auch geschäftliche, gehen durch Gleichgültigkeit zugrunde, weil diese dem anderen signalisiert: Du bist mir (nicht mehr) wichtig!

Meine wert-schätzende DelphinRhetorik

- ❑ **Ja, das mach ich gerne für Sie!**
- ❑ **Ich kümmere mich sofort persönlich darum!**
- ❑ **Sie dürfen sich voll und ganz darauf verlassen!**
- ❑ **Ich rufe Sie innerhalb der nächsten Stunde zurück. Fest versprochen!**
- ❑ **Da haben wir beide doch gemeinsam eine richtig gute Lösung gefunden, oder?**
- ❑ **Da verbinde ich Sie gleich mit Manfred Muster. Das ist unser absoluter Spezialist dafür. Bei ihm sind Sie in den besten Händen!**
- ❑ **Ich habe mich vorhin selbst davon überzeugt: Alles wieder in Ordnung! Alles bestens! Ich freu mich sehr, dass wir Ihnen da helfen konnten!**

Das ist die Sprache, die Kunden anzieht. Das ist die Wert-Schätzung, die wir Menschen gerne genießen. Das schafft die freiwillige Kunden-Bindung, die wir brauchen, und die man Kunden-Loyalität nennt, besser und wirkungsvoller als jedes Kunden-Bindungs-Programm im Customer Relationship-Management!

Negatives Sprachmuster - Nilpferd- oder SpitzmausRhetorik

Da haben Sie schon eine Viertelstunde lang in Ihrer Speisenkarte geblättert, sich die Nummer gemerkt, hin und her geschaut, ob nicht endlich mal jemand kommt, um Sie zu bedienen. Und da endlich kommt sie, eine junge Dame, baut sich vor Ihnen auf, trommelt mit dem Kuli ungeduldig auf ihrem Blöckchen herum und dann springt Sie die geballte DienstLeistungs-Bereitschaft Ihrer Gastgeberin an:

● **„So, bitte!“**

In diesem „So-bitte!“ ist der Vorwurf an das sozial ungerechte Leben schon drin. Was hat sie eigentlich verbrochen, dass sie für Typen wie Sie hier Bücklinge machen muss. Wenn Heidi Klum oder der Lagerfeld mal hier hereingekommen wäre, dann wäre sie längst auf dem Catwalk, denn da gehört sie eigentlich hin mit ihrer unglaublichen Schönheit und StrahlKraft!

Positives Sprachmuster - DelphinRhetorik

Geht es auch anders? Natürlich. Aber nur mit einer völlig anderen Einstellung. Mit dem Bewusstsein, dass der Gast wieder mal einen Teil ihres Einkommens bezahlt. Das wert-schätzt sie, indem sie sehr viel schneller als zuvor an Ihren Tisch kommt und Sie begrüßt:

❑ **„Guten Tag, die Dame (oder: der Herr)! Haben Sie diesen herrlichen Sonnenschein heute mitgebracht?“**

Und dann behält die Gastgeberin ihren sympathischen Ton auch bei ihrer Fachberatung und Empfehlung bei. Und alles ist gut.

Sie weiß jetzt schon, dass sie wahrscheinlich ein gutes Trinkgeld von Ihnen erhält. Denn wenn wir in einer so netten Form betreut werden, dann werden wir großzügig – und wir gehen mit großer Wahrscheinlichkeit schon bald wieder hin. Es kann ja so einfach sein! Wenn wir die einfachste Regel – und vielleicht gerade deshalb die für viele am schwersten umsetzbare – anwenden: Versetz Dich kurz in die Situation Deines gegenüber! Und alles wird gut!

Negatives Sprachmuster - Nilpferd- u. SpitzmausRhetorik

Da haben meine Seminar-Teilnehmer am Morgen in der ersten Pause zwischen Menü 1, Menü 2 und Menü 3 gewählt und entsprechend angekreuzt. Wir sitzen wartend am Mittagstisch und dann kommen die Aufträger und Aufträgerinnen, halten die Teller in zwei Händen, damit es schneller geht, was uns gut gefällt. Und die junge Dame, die zu uns an den 6-er-Tisch kommt, schaut angespannt von oben auf uns herab – und mein ServiceScan meldet gleich: Vorsicht! Spitzmaus! Und er hat wieder mal recht, der Gute. Sie fragt: „Zwei!? Zwei!? Zwei!?“ Niemand antwortet, alle schauen leicht konsterniert und versuchen, oben auf die Teller zu schauen, aber die hält sie ja hoch, weil die so schwer sind. Und dann wendet sie sich frustriert, resigniert und leicht vorwurfsvoll an mich: „Ihre Teilnehmer haben sich die Nummer nicht gemerkt!“

Positives Sprachmuster

Ich habe ihr dann gleich ein kleines Privat-Seminar gegönnt, das sie offensichtlich unwillig über sich ergehen ließ: „Schauen Sie, wenn Sie es vielleicht so machen, dann könnten Sie erfolgreicher sein: Feinste fangfrische Seeforelle! Das ist übrigens Ihre Menü-Nummer Zwei!“ Sie schaut etwas unwillig und trotzig drein. Ich kann sie ja auch verstehen. Dennoch fahre ich fort: „Und wenn Sie das tolle Essen dann noch mit Ihrem appetitanregenden offenen Lächeln präsentieren, dann könnten Sie das Trinkgeld schon beim Auftragen der Hauptspeise im Portemonnaie klingeln hören!“ Das aber war ihr entschieden zu viel und denkt: „Hab ich das nötig, mich hier von diesem Uhu in dieser Form anmachen zu lassen!?“

Wenn das Samenkorn auf Stein fällt...

Sie lässt ihren eigenen Scan jetzt umgekehrt auch über mich hinweggleiten und wendet sich dann mit erhobener Nase ab. Der Scan hatte ihr wohl gemeldet: „Lass ihn reden, den alten Besserwisser. Der hat sowieso seine Zukunft schon hinter sich! Sollte im Übrigen mal Deinen Job machen. Da käme der nicht auf solch abstruse

Gedanken. Immer diese Trainer mit ihrem theoretischen Kram. Ich hab die hier im Hotel sowas von satt, die stehen mir Oberkante-Unterlippe! Es wird höchste Zeit, dass der Lagerfeld zur Tür herein kommt, damit ich solche Typen nicht länger ertragen muss!“

Negatives Sprachmuster

Ist schon eigenartig, dass in 90% aller Seminar-Hotels meine Bankett-Erfahrungen alle gleichförmig verlaufen. Ich habe kaum den Seminarraum betreten, schaue mich gerade um, wie ich am besten den Raum nutzen kann, da kommt auch schon die Dame oder der Herr vom Bankett-Service mit einem Schreib-Board und Kugelschreiber auf mich zugesegelt und hat gleich die Frage aller Fragen parat, die **Frage aller Fragen** an Seminar-Leiter überhaupt:

- **„Guten Tag, ich bin Marga Muster vom Bankett-Service. Wann machen Sie Ihre Kaffee-Pausen?“**

Positives Sprachmuster

Gegen-Vorschlag:„Guten Tag, Sie sind sicher Herr Baldus. Herzlich willkommen. Ich bin Marga Muster vom Bankett-Service. Ich habe Ihren Raum zusammen mit meinen Kollegen für Sie und Ihre Teilnehmer vorbereitet.“ Und dann zeigt sie mir das Ergebnis:„Hier am Flipchart finden Sie zwei frische Blocks, dort hinter der zweiten Tür links finden Sie weitere Blocks in Reserve und einen Moderatoren-Koffer. Hier ist der Anschluss für den Beamer und Ihren Laptop. Und hier ist meine Karte. Sie erreichen mich den ganzen Tag über unter meiner Durchwahl. Was darf ich sonst noch für Sie tun, damit Sie ein rundum gutes Seminar gestalten können?“

I have a dream...

Ich träume schon seit Beginn meiner Selbständigkeit als Trainer & Texter im Jahr 1987 von einer solchen Kunden-Betreuung im Bankett. In dieser Zeit habe ich das in dieser oder einer ähnlichen Form keine fünf Mal erlebt. Dabei ist es so einfach!

Voraussetzung: Ich muss als Gastgeber ganz kurz mal in die Schuhe des Gastes schlüpfen. Dann führen mich diese Schuhe automatisch in die richtige Richtung und ich finde sofort auch die passenden, motivierenden, weil wert-schätzenden Worte dazu.

Negative Sprachmuster

In einem Fachgeschäft in Koblenz am Rhein halte ich Ausschau nach einem Trainer-Koffer. Sehr robust soll er sein. Am besten aus Metall. Ich finde ihn: einen RIMOWA-Koffer, von dem ich weiß: Allererste Qualität (Ende des Werbeblocks).

Die junge Dame vom Typ „Laden-Hüter" – das sind die, die aufpassen, dass nichts wegkommt – hat immer nur darauf gewartet, dass ich auf eine Koffer zeige, den sie mir dann aus dem Regal holt. „Der ist schön!" „Der ist auch schön!" Das hat sie zu jedem Einzelstück gesagt. Wie schön! Dabei suchte ich nicht in erster Linie einen schönen Koffer, sondern einen funktionalen. Aber so funktionierte sie nicht. Schönheit war ihr wichtiger. Deshalb auch keine Nachfrage, wofür ich den Koffer denn haben wollte, für welchen Einsatz. Ich habe mich schnell entschieden. 325,- Euro. Kein Pappenstiel. Aber mir ist schon immer der Wert wichtiger gewesen als der Preis.

Dann kam doch noch eine DienstLeister-Sternstunde der Verkäuferin, die ihr erlaubte, aus der Laden-Hüter-Rolle herauszuschlüpfen. Sie musste ja jetzt nicht mehr auf den Koffer aufpassen. Sie öffnete den Koffer und eröffnete mir dann:

- **„Ach ja, hätte ich beinahe vergessen. Hier hab ich noch Ihren Garantie-Zettel. Lassen Sie ihn vorne an der Kasse ausfüllen und heben Sie ihn gut auf. Und dann wünsche ich Ihnen noch einen schönen Tag!"**

Und draußen trommelte der Platzregen laut hörbar an die Schaufensterscheibe!

Bei ihrem Wort „Garantie-Zettel“ wurde mir sofort noch einmal der große Wert des Koffers bewusst. Zettel – das hat was! So etwas Wertiges. So etwas Bestätigendes: Ja, hier hast Du wirklich das beste Stück gekauft, das es für Deinen Verwendungszweck gibt! Das muss sie so gedacht haben. Wenn sie überhaupt gedacht hat!

Positive Sprachmuster
Aber zurück zu meinem Koffer-Erlebnis. Gegen-Vorschlag: Vielleicht könnte die Einkaufs-Beraterin einfach mal fragen:

- ❑ **„Darf ich wissen, wofür Sie den Koffer in erster Linie nutzen möchten!? – Aha, Sie sind Trainer! Und Sie suchen einen Koffer für Ihre Seminar-Werkzeuge und- Unterlagen. Welche Themen trainieren Sie denn, was könnte ich denn bei Ihnen lernen?“**

Das hätte sie charmant lächelnd sagen können. Und ich hätte daraufhin geantwortet: „Ich bin Leiter der ServiceSchule. Wir trainieren KundenBetreuung in Bestform! Und Sie haben unsere ServiceSchule leider nicht nötig, denn Sie leben Ihre ServiceQualität bereits vorbildlich!“ Wäre eine Steilvorlage gewesen, die unsere Verkäuferin durchaus hätte nutzen können.

- ❑ **„Hier habe ich noch Ihre Garantie-Urkunde für Sie! Obwohl Sie ja sicher wissen, dass Sie mit Ihrem RIMOWA-Koffer eine erste Wahl getroffen haben. Unkaputtbar, möchte ich sagen. Darf ich Sie zur Kasse begleiten und Ihr Zertifikat dort gleich ausfüllen?“**

Und nachdem sie die Urkunde ausgefüllt hat und ich in der Zwischenzeit bei ihrer Chefin bezahlt habe (warum eigentlich nicht bei der Beraterin – weil sie das Vertrauen der Chefin nicht hat!?) dann geht sie anschließend mit mir zur Tür und verabschiedet mich:

- ❑ **„Herzlichen Dank für Ihren Einkauf. Sie haben ganz sicher die richtige Wahl getroffen. Dann wünsche ich Ihnen in der kommenden Woche nur aufmerksame, angenehme Seminar-Teilnehmer!“**

Negatives Sprachmuster
Wie holen sich die meisten Verkäuferinnen und Verkäufer im Textilhandel am besten gleich beim Empfang des potentiellen Kunden systematisch dessen erstes NEIN ab? Ganz einfach: Indem sie ihm oder ihr gleich eine blödsinnige Fragen stellen:

- **„Kann ich Ihnen helfen?“**

Die Antwort der potentiellen Kundinnen und Kunden lautet in über 90% aller Fälle: NEIN! Ist ja auch verständlich, wenn Sie einen kurzen Moment darüber nachdenken. Die Verkäufer sind in ihrem Terrain zuhause. Sie haben sich schon an Temperatur und Lichtverhälnisse gewöhnt. Sie fühlen sich bereits wohl und sicher.
Wie aber geht es Ihnen selbst, allen Menschen, allen Interessenten, die von draußen, aus der Hitze oder der Kälte, aus dem Dunkel oder dem gleißenden Licht kommend, ein Kaufhaus betreten, ein Ladengeschäft? Da braucht der normale Mensch zuallererst eine kurze Zeit der Anpasssung. Das Auge muss sich an die veränderten Lichtverhältnisse gewöhnen. Die Haut verlangt dasselbe von der Temperatur. Die Nase nimmt neue, manchmal sehr fremde Gerüche wahr, an die sie sich zuerst einmal gewöhnen muss. Es braucht in der Regel ein, zwei Minuten, bis wir uns an andere Umfeld-Bedingungen angepasst haben und uns wohl oder sogar heimisch fühlen. Und mitten hinein in diesen Prozess stößt dann jemand, der in diesem Augenblick ganz einfach stört! Unsere Reaktion: NEIN! Ein reiner Selbstschutz-Mechanismus, keine Ablehnung. Denn schließlich haben wir das Haus ja doch schon mit Interesse betreten. Und wenn man uns dort einigermaßen gut in Empfang nimmt, dann sind wir sogar bereit, etwas zu kaufen!

Würdigen Sie diese Umstände und gehen Sie doch einmal ganz anders auf den potentiellen Kunden, die mögliche Kundin zu. Bleiben Sie in respektvollem Abstand stehen, rücken Sie also niemandem „zu nahe auf die Pelle“ und dann setzen Sie Ihr schönstes, gewinnendes Lächeln auf und begrüßen Ihren Gast:

❑ **„Guten Morgen! Herzlich willkommen!**
Sie möchten sich sicher zuerst einmal umschauen.
Dort vorne finden Sie die neue Herbst- und Wintermode!
Sie werden begeistert sein.

Geben Sie mir einfach ein Zeichen, wenn ich Sie beraten darf. Okay? Dann viel Vergnügen!“

Ihre Kunden werden sehr positiv überrascht sein. Sie werden denken: „Das ist mir ja noch nie passiert. Dass jemand genau weiß, wie ich mich fühle. Dass mir auch im Verkauf niemand zu nahe treten muss, um bei mir erfolgreich zu sein!“ Wetten, dass ein großer Teil der so zuvorkommend behandelten Besucher nach einer kurzen Verzögerung sogar sofort sagen: „Sie können mir die neue Mode sehr gerne gleich einmal zeigen!“

Und dann gehen Sie mit und setzen Ihren Wert-Verkauf fort, indem Sie z.B. ein Jacket vom Bügel nehmen und gleich die Ärmel nach innen durchziehen, um dem Interessenten zuallererst die ausgezeichnete Verarbeitung des Innenfutters zu zeigen. Sie werden sehen, wenn Sie zuallererst den Wert aufbauen, dann kommt der Blick auf das Preisschild zuallerletzt. Die Serviceschule führt solche DelphinRhetorik- und Wert-Verkaufs-Trainings für alle Branchen durch, jeweils abgestimmt auf deren Erfordernisse und Besonderheiten. Man darf eben nicht nur von ServiceQualität reden und schreiben, sondern muss diese ServiceQualität auch im eigenen Alltag vorbildlich leben! Ich weiß, wie schwer es ist, konsequent Service in Bestform zu leben! Aber es zahlt sich ganz bestimmt aus!

Der „Delphin" in meinen Briefen!

Jeden Tag führen Sie persönliche Kundengespräche. Und alle hoffentlich so, dass der Kunde den Eindruck gewinnt: Ja, diese Frau, dieser Mann denkt in meiner Welt, spricht die Dinge an, die für mich interessant sind, die mir den größtmöglichen Nutzen bieten. Und ihren, bzw. seinen Worten spürt man geradezu ab, dass hier ein Mensch seinen Beruf im Dienst am Kunden wirklich ernst nimmt, ja sogar mit Lust, Liebe und Leidenschaft lebt. „Wer mich so gut bedient, der darf das auf Dauer tun, da geh' ich wieder hin!" – das ist das, was der Kunde in solchen positiven Fällen denkt.

Jeden Tag führen Sie auch „unpersönliche" Kundengespräche. In den vielfältigen Texten Ihrer internen und externen Kommunikation stehen Sie mit Kunden und Mitarbeitern in Kontakt. Unpersönlich. In Ihren Briefen, in Ihren Angeboten, in Auftragsbestätigungen, auf Rechnungen, Hinweisschildern, in Werbeprospekten und Anzeigen.

Unpersönlich steht hier dafür, dass Sie selbst das Gespräch nicht persönlich führen. Sie überlassen es einem Medium, bedrucktem Papier, dem Internet oder einem Kunststoffschild. Es ist im Grunde genommen in gewisser Weise immer ein Gespräch ins Blaue.Ein solch unpersönliches Gespräch hat gegenüber Ihrem persön-lichen Gespräch einen gravierenden Nachteil: Sie lassen den Leser, einen Interessenten oder gar einen Ihrer Kunden damit ganz allein!

Die Kunden können (oder wollen sogar) Ihre Information, Ihre Botschaft auf den ersten Blick missverstehen – und Sie können das Missverständnis nicht aufklären, weil Sie nicht dabei sind, wenn dem Kunden die Zornesröte ins Gesicht steigt. Was aber können Sie dagegen tun? Können Sie überhaupt etwas dagegen tun? Nun – die einzige Chance, die Sie haben, ist, Ihre Botschaft wirklich kundenorientiert zu schreiben – dialog-gerecht zu gestalten, so, dass sie einem persönlichen Gespräch sehr nahe kommt. Aber genau hier liegt der Hase im Pfeffer. Spitzen-Rhetoriker, die ihr Publikum wirklich begeistern können, verfallen ins vorletzte Jahrhundert, wenn es darum geht, einen Brief zu schreiben. Da wiehert dann auf einmal der kundenfeindliche Amtsschimmel durch die Zeilen. Da kommt sich der Kunde vor, als erhalte er schlechte Nachrichten vom Finanzamt. In Wirklichkeit aber erhält er vielleicht ein sehr kundenorientiertes Angebot, nur sieht es diesem Angebot niemand so recht an. Die Geschäftsbriefe von heute machen Bismarcks preußischer Verwaltungssprache nach wie vor alle Ehre. Da unterscheiden sich viele Unternehmen in nichts von einer Behörde (aus Kundensicht sind viele große Unternehmen ja auch absolut nichts anderes!).

- ❑ **Ich mache mir ein aktuelles Bild davon, welcher Stil unseren Unternehmens-Stil prägt.**
- ❑ **Machen unsere „Sach-Bearbeiter-Briefe" nicht denen einer Verwaltungs-Behörde alle Ehre?**
- ❑ **Werden unsere Kunden darin als „Geschäftsvorgänge" behandelt und verwaltet?**
- ❑ **Machen wir in unseren Briefen und Mails immer noch „Mitteilungen"?**
- ❑ **„Gewähren" wir immer noch Leistungen und immer noch „entgegenkommenderweise"?**
- ❑ **Verbleiben wir immer noch „Ihrem geschätzten Auftrag gerne entgegensehend – mit freundlichen Grüßen"?**

Dann besteht dringender Handlungsbedarf. Es wird höchste Zeit für einen modernen Brief-Stil, den Delphin-Stil im Unternehmen. Auf den nächsten Seiten finden Sie ein Beispiel. Hier werden die negative und die positive Version gegenübergestellt – auf der linken Seite im Nilpferd-Stil und gegenüber auf der rechten Seite im DelphinStil.

Versetzen Sie sich vorher kurz in die KundenSituation. Der fürsorgliche Vater des kleinen John, der gerade mal vier Wochen alt geworden ist, zeigt Weitblick und schließt eine „Ausbildungs-Versicherung" ab. So wird die Kapital-Lebensversicherung zumindest im Werbeprospekt genannt. Intern, in der Zentrale der Versicherung, ist und bleibt es bei Kapital-Lebensversicherung, hier geht es um Funktion und nicht um Emotion. Das spürt dann auch der Vater, als er dann die Bestätigung zusammen mit dem Versicherungsschein erhält.

Was nutzt die emotionalste Werbung, wenn in der Sach-Bearbeitung der Versicherung nur reine Funktionäre, Diplom-Nilpferde, sitzen!? Der Gegenvorschlag in DelphinRhetorik zeigt, wie kundenorientiert, wie emotional und dennoch funktional ein Brief geschrieben werden kann – wenn man sich einfach nur ganz kurz in die Situation des Gegenüber versetzt. Dann laufen die richtigen kundenfreundlichen Worte wie von selbst in die Tastatur! Aber langer Rede kurzer Sinn – **machen Sie sich selbst Ihr Bild:**

NilpferdKommunikation

Betreff: Versicherung Nr. 786543210

Sehr geehrter Herr Baldus,

in der Anlage finden Sie den Versicherungsschein für Ihre Lebensversicherung, die Sie bei unserem Institut beantragt haben. Wir freuen uns, dass Sie sich für die Pfefferminzia als Vertragspartner entschieden haben.

Die monatlichen Beiträge werden wir vereinbarungsgemäß Ihrem Konto belasten. Unter der Voraussetzung der fristgerechten Einlösung der Lastschriften besteht Versicherungsschutz.

Zur Vereinfachung des Zahlungsverkehrs haben wir Ihrer Versicherung die Inkasso-Nummer 1234567890 zugeteilt. Damit können die Beiträge aller bei uns bestehenden Lebensversicherungen in einem Betrag und mit nur einer Buchung von Ihrem Konto eingezogen werden. Das erspart Ihnen unnötige Kontogebühren. Geben Sie bei jedem Schriftwechsel diese Inkasso-Nummer an.

Mit freundlichen Grüßen

i.V. Schmidt i.A Schmidtchen
Pfefferminzia AG

Herzlichen Glückwunsch zur Geburt Ihres Sohnes!

Guten Tag, Herr Baldus,

Ihr Sohn John wird Ihnen eines Tages einmal dankbar sein. Mit Ihrer Ausbildungsversicherung haben Sie die beste Vorsorge für seine berufliche Zukunft getroffen.

Wir freuen uns, dass wir, die Pfefferminzia, Sie auf diesem Weg begleiten dürfen. Vielen Dank für Ihr Vertrauen!

Sie erhalten heute Ihren Versicherungsschein dazu. Sie haben uns erlaubt, Ihre monatlichen Beiträge von Ihrem Konto 12345678 bei der KSK Westerwald BLZ 57051001 abzubuchen. Sie erleichtern uns und auch Ihnen selbst damit die ordnungsgemäße Betreuung Ihres Vertrages. Besten Dank dafür.

Sofort nach Einlösung des ersten Beitrags genießen Sie den vollen Versicherungsschutz – und damit die Rundum-Sicherheit für Sie und Ihr Kind.

Alles Gute für Sie und Ihre Familie!

Heinrich Schmidt
Pfefferminzia AG

Vom Betreff zur emotionalen Überschrift!
Vergessen Sie den bisher üblichen Betreff in Ihren Briefen und formulieren Sie eine Überschrift, die sofort sagt, um was es geht. Ja – Sie haben richtig gelesen: eine Überschrift! Hier ein Beispiel für eine Brief-Überschrift zur „Baufinanzierungs-Zusage“ einer Bank:

Ihre Finanzierung steht auf einem festen Fundament!

Oder über einem Angebot an einen neuen potentiellen Cabrio-Kunden, der sich im Februar bereits ein sehr probates Gegenmittel gegen Winter-Depressionen verordnen will, steht:

Freuen Sie sich jetzt schon auf Ihre erste Fahrt in den Frühling!

Schreiben wir Deutsche einen Geschäftsbrief, legt irgendein kleines grünes Männlein im Gehirn einen Hebel um und ein guter Geist aus dem Neandertal legt uns geistige Ärmelschoner an. Besonders auffällig präsentiert sich dieser Stil oft schon im ersten Satz. Hier wiehert der Amtsschimmel immer noch am lautesten:

- **wir nehmen Bezug auf obiges Schreiben vom ....**
- **bezüglich unseres gehabten Telefonates am...**
- **wir teilen Ihnen hiermit mit, dass wir Ihnen nach nochmaliger Überprüfung unserer Kalkulation jetzt diese Notierung für unser Produkt einräumen können:**

Merke:
Bezüge gehören ausschließlich in die erfahrenen Hände eines guten Raumausstatters – aber niemals in einen Brief! Lassen Sie den ersten Teil des Satzes, den überflüssigen Nebensatz einfach weg – den Bezug und den unglaublich informativen Hinweis, dass Sie dem Kunden etwas mitteilen wollen!

Die Sympathie-Sandwich-Form!

- ❑ **Sympathischer Einstieg**
- ❑ **Sachlicher Durchstieg**
- ❑ **Sympathischer Ausstieg**

Der DelphinStil: Ein Gedanke – ein Satz!
Schreiben Sie, wie ein Delphin schwimmt! In schönen gleichmäßigen Satz-Bögen. Und schreiben Sie möglichst so, wie Sie im persönlichen Gespräch sprechen würden. Zumindest so ähnlich.

Wer fragt, führt! Auch im Brief – auch in der eMail!
Schreiben Sie bitte nicht: Bitte teilen Sie uns mit, ob Sie mit diesem Angebot einverstanden sind. Fragen Sie vielmehr den Kunden:

- ❑ **Sind Sie mit unserem Vorschlag einverstanden?**
- ❑ **Haben wir an alles gedacht?**
- ❑ **Brauchen Sie eventuell noch weitere Unterlagen?**
- ❑ **Wann dürfen wir auf dieser Basis liefern?**
- ❑ **Welcher Termin passt Ihnen am besten?**

Kundenorientierte „Aufforderung zur Tat"!
Diese Aufforderung darf an keinem Brief-Ende fehlen. Sagen Sie dem Kunden, was er tun soll - und danach sagen Sie ihm, welchen Vorteil er davon hat.

Führen wir das begonnene Brief-Beispiel fort:

- ❑ **Sichern Sie sich diesen Vorteil!**
- ❑ **Nutzen Sie...**
- ❑ **Sparen Sie...**
- ❑ **Optimieren Sie....**
- ❑ **Vertrauen Sie ....**

Kundenorientierter Ausstieg und Abschied!

Lassen Sie uns einmal einen Fall konstruieren: Nehmen Sie an, Sie planen ein Eigenheim mit einem Budget von 250.000 €. Sie sind fremd in der Gegend, haben gerade erst im Gewerbepark Ihr neues Unternehmen übernommen. Wer soll privat für Sie bauen? Sie richten Ihre Anfrage mit dem fertigen Plan an zwei regionale Bauunternehmen. Sie kennen keines der beiden Unternehmen, Sie haben also absolut keine Präferenzen. Zwei Wochen später kommen die beiden Angebote zurück. Beide mit umfangreicher, identischer Leistungs-Beschreibung. Beide bieten zu exakt 250.000,- € an. Der einzige Unterschied besteht in den beiden Sätzen am Ende des Angebotes:

- **Unter dem 1. Angebot steht:**
  Ihrem Auftrag entgegensehend verbleiben wir...

- ❑ **Unter dem 2. Angebot steht:**
  Freuen Sie sich heute schon auf Ihr neues Zuhause!

Für wen entscheiden Sie sich? Die Antwort liegt auf der Hand – für den, der kundenorientierter denkt! Die Floskel „mit freundlichen Grüßen" können Sie generell weglassen. Denn die bedeutet ohnehin heute nichts mehr. Mit diesen Worten werden ja in vielen Unternehmen sogar noch fristlose Kündigungen unterschrieben...

- **„Verbleiben" Sie bitte auch nicht mehr.**
  Zu viele sind dabei schon auf der Strecke geblieben!

- **Verwenden Sie auch diese geschätzte Version nicht mehr: „Wir würden uns freuen, Ihren geschätzten Auftrag zu erhalten!" Das glaubt Ihnen der Kunde aufs Wort! Sie machen schließlich das Geschäft – meint der Kunde.**
  Aber sollte nicht er sich freuen?

Der Nilpferd-Stil in Vollendung!
Ein Paradebeispiel für schlimmste Nilpferd-Kommunikation: Die berühmten 3 Buchstaben. Sie prägen Ihre Unternehmens-Kommunikation in ganz besonderer Weise – leider jedoch sehr negativ. Es ist die Abkürzung für eine Formulierung, die ja eigentlich sehr wertschätzend sein sollte:

MfG

Entstanden ist die Buchstaben-Kombination in den glorreichen Zeiten der Telex-Maschinen – das waren die Zeiten der ratternden Loch-Streifen in den 70er Jahren – damals eine Revolution in der Büro-Kommunikation!

Jetzt feiern sie fröhliche Urständ in der eMail-Epoche von Unternehmen. Denn so enden die meisten eMail-Texte!

Sie stehen für: Geringschätzung der Kunden in Zehner-Potenz. Denn sie zeigen dem Kunden: Du bist es uns noch nicht einmal mehr wert, die Grußformel zum Abschluss einer eMail-Nachricht auszuschreiben, so ideenlos und formelgleich sie auch sein mag:

Mit freundlichen Grüßen!

Nach der Rechnung folgt die Quittung...

Das ist der Satz, mit dem neunzig Prozent der bundesdeutschen Unternehmen einen „Geschäftsvorgang“ abschließen, sprich, sich auf Zeit von ihren Kunden verabschieden:

- **„Zahlbar sofort nach Erhalt ohne Abzug!“**

Ich nenne diese Methode die „John-Wayne-Methode“. Da hat offensichtlich jemand den Finger am Abzug. Oder um es noch ein wenig unfreundlicher, provokanter auszudrücken: Da hat offensichtlich jemand nicht mehr alle Tassen im Schrank!

Da hat sich der AussenDienst wochenlang bemüht, da hat der DienstLeistungs-Bereich Entwicklung zusammen mit dem Innen- und AussenDienst eine herausragende Lösung erdacht, entwickelt und angeboten. Der Kunde war von den Vorschlägen und vom Angebot begeistert – da hat die Produktion gezeigt, dass sie eine außergewöhnliche Qualität liefern kann – alles termingerecht. Die Monteure vor Ort haben den besten MontageService geboten, den der Kunde je bekommen hat – und dann schließen wir diese Spitzen-DienstLeistungskette mit einem solch unmöglichen Schluss-Satz unter unserer Rechnung ab! Das klingt wie Abrechnung! Absolut kundenfeindlich! „Verabschieden“ Sie sich auch so von Ihren Kunden in einem persönlichen Gespräch? Das geht doch völlig anders – partnerschaftlich, modern, sehr wert-schätzend, kurzum: absolut kundenorientiert:

- ❑ **Dankeschön für Ihren Auftrag!**
  Bitte zahlen Sie den Rechnungsbetrag bis zum 31.8...

oder:

- ❑ **Sie sind ein fairer Partner! Sie zahlen unsere Rechnun über eine Persönliche DienstLeistung innerhalb von 8 Tagen? Vielen Dank dafür!**

DelphinStil in Bestform!

Damit wir positiv enden, hier noch ein schönes Beispiel dazu:

Ihr Starkbier braucht ein „starkes" Glas!

Guten Tag, Herr Muster,

Sie haben recht – zu einem Bier mit Profil gehört ein Glas mit Profil. Mir ist während unseres Gespräches auf der Messe wirklich klar geworden, worum es Ihnen in Ihrem ganz speziellen Markt geht.

Sie erhalten deshalb heute genau die Unterlagen, die Sie für eine gute Entscheidung brauchen:

- ❑ eine Übersicht über die Gläser Ihrer Wettbewerber,
- ❑ sechs exklusiv für Sie erstellte Design-Studien,
- ❑ vier Dekor-Entwürfe „August der Starke",
- ❑ drei Qualitäts-/Preis-/Mengenbeispiele.

Habe ich an alles gedacht? Oder brauchen Sie noch weitere Unterlagen? Rufen Sie mich bitte direkt an. Ich kümmere mich sofort persönlich um die Erfüllung Ihrer Wünsche.

Wir geben Ihrer Marke ein markantes Gesicht!

4.4 Das K von OSKAR: meine Körpersprache!

Über Körpersprache sind ganze Bibliotheken voll geschrieben worden. Prof. Samy Molcho hat herrliche Bildbände zusätzlich zu seinen wunderbar bildhaften Vorträgen gestaltet. Diese Bildbände und einige Titel aus der einschlägigen Körpersprache-Literatur kann ich jedem zum Selbststudium nur empfehlen. Hier in diesem Kapitel geht es mir jedoch lediglich um ein paar ganz einfache Zusammenhänge.

Entscheidend wichtig ist, dass wir uns immer wieder neu bewusst machen, dass der ServiceScan unseres Gegenüber immer zuallererst unsere Körpersprache, unsere Haltung, unsere Ausstrahlung wahrnimmt. Erst dann folgt die Art, wie wir etwas sagen, in welchem Ton wir das tun. Und erst ganz zuletzt achtet unser DialogPartner auf die einzelnen Worte und deren Inhalt und Bedeutung.

Mein „Ich-mag-Dich-Kunde"!

Mein „Ich-mag-Dich-nicht-Kunde!"

Es gibt nur ganz wenige ganz wesentliche Wirkungsfaktoren, die der ServiceScan des Gegenüber permanent abprüft:

❑	**offen**	▮	**oder verschlossen**
❑	**zugewandt**	▮	**oder abgewandt**
❑	**echt**	▮	**oder unecht (geschauspielert)**

Und bei uns selbst steuert unser Denken unser Verhalten, auch unsere Körpersprache. Am besten machen Sie sich diesen Zusammenhang beispielhaft deutlich an lediglich zwei Personen, die Sie sich bitte einmal vor Augen halten:

Mein „Ich-mag-Dich-nicht-Kunde"!

Die eine Person ist die Kundin oder der Kunde, mit dem Sie sich schwertun. Jeder von uns wird einen solchen haben. Da gehe ich mal fest davon aus. Wir haben ja in diesem Kapitel über Sprache bereits über die Wertigkeit von Kunden gesprochen. Lassen Sie einfach einmal im Gegensatz zu dem, was ich vorher geschrieben habe, Ihre Einstellung durchkommen, dass diese Kundin, dieser Kunde Ihr Problemfall ist, ja sogar Ihr „Kotzbrocken". Beschönigen Sie jetzt ganz bewusst einmal nichts. Vergessen Sie jeden wert-schätzenden Gedanken. Und stellen Sie sich jetzt einmal vor, Sie stehen hinter einem Berater-Tresen. Ihr „Ich-mag-Dich-nicht-Kunde" betritt den Raum. Was macht jetzt Ihre Körpersprache, sind Sie

❑	**offen**	▮	**oder verschlossen**
❑	**zugewandt**	▮	**oder abgewandt**
❑	**echt**	▮	**oder unecht (geschauspielert)**

Sie verschließen sich sofort wie eine Auster, suchen keinen Blickkontakt, sondern schauen verschlossen vor sich hin und beschäftigen sich bewusst mit einem anderen Vorgang, um dem Gegenüber zu zeigen, dass Sie eigentlich jetzt Wichtigeres zu tun haben. Sie wenden sich ab, zeigen Ihre „kalte Schulter". Wie hören sich Ihre Sätze an? In der Regel sind sie kurz und knapp (Sie sind also „kurz angebunden", wie der Volksmund sagt). Sie verwenden Floskeln und eine belehrende, besserwisserische, bevormundende und leicht hochnäsige Sprache. Wie echt und emotional wirken Ihre Worte? Aufgesetzt, unecht, geschauspielert. Das wäre für sich genommen ja nicht so schlimm. Schlimm ist nur, dass der ServiceScan des Kunden Sie schnell entlarvt!

Mein „Ich-mag-Dich-Kunde"!
Stellen Sie sich jetzt vor, Sie stehen hinter einem Berater-Tresen. Ihr liebster „Ich-mag-Dich-Kunde" betritt den Raum und kommt auf Sie zu. Was macht jetzt Ihre Körpersprache, sind Sie

❑	**offen**	▮	**oder verschlossen**
❑	**zugewandt**	▮	**oder abgewandt**
❑	**echt**	▮	**oder unecht (geschauspielert)**

Sie öffnen sich sofort ganz weit, vielleicht verlassen Sie sogar Ihre Position hinter dem Tresen und gehen dem Kunden mit geöffneten Armen entgegen, um ihn herzlich zu begrüßen. Ihr Gesicht strahlt, Sie suchen den direkten offenen Blickkontakt, legen Wärme in Ihre Augen, schauen Ihren Gast hocherfreut an. Sie wenden sich ihm voll und ganz zu, räumen alles zur Seite, was auf dem Tresen liegt, um nur noch für den LieblingsKunden da zu sein und durch nichts gestört zu werden.

Wie hören sich Ihre Sätze an? Sie werden jetzt blumig, manchmal sogar ausschweifend lang. Es ist die Begegnung von Freunden, die sich viel zu erzählen haben. Sie lesen Ihrem Gast jeden Wunsch von den Augen ab.

Wie echt und emotional wirken Ihre Worte? Absolut echt, hoch emotional! Und der ServiceScan Ihres Geschäftsfreundes prüft es ab, bestätigt es ihm nach innen, und alles ist gut und bestens bereitet für ein erfreuliches Gespräch und vielleicht gleich für einen erfreulichen neuen Auftrag!

Lassen Sie es also nicht zu, dass Ihre negativen Gedanken und Einstellungen Ihr Verhalten, Ihre Körpersprache steuern. Machen Sie sich gerade bei Ihrem „Ich-mag-Dich-nicht-Kunden" erneut klar, wie wichtig er für Sie ist. Und dann wenden Sie sich ihm mit echtem Interesse zu, ganz offen für seine Wünsche. Es geht!

4.5 Das A von OSKAR – mein Auge!

Wir sagen im Volksmund: Dem muss man nichts sagen, der sieht die Arbeit! Sehen, wo es fehlt! Gleich erkennen, wo eine helfende Hand gebraucht wird.

Aufmerksamkeit ist das deutlich sichtbare Zeichen der Anerkennung. Denn dieses Wort kommt von „Erkennen“, „Wahrnehmen“, „Wichtig nehmen!“ Das ist weit mehr als bloß der Blickkontakt in der Körpersprache. Das schönste Bild in diesem Zusammenhang zeichnet in unserer Muttersprache der Begriff:

Ungeteilte Aufmerksamkeit!

Er beinhaltet alles, was uns im Kontakt, im Dialog mit Kunden erfolgreicher machen kann. Denn wir Menschen genießen nun mal alle die ungeteilte Aufmerksamkeit eines anderen, mit dem wir im Gespräch sind.

Räumen Sie deshalb alles aus dem Weg, das ihren Blick ablenken könnte. Ich empfehle bei AussenDienst-Coachings manchen „Gefährdeten“, doch ihre Armbanduhr im Auto zu lassen. Damit sie der Gefahr aus dem Weg gehen, gegen Ende der geplanten Besuchszeit nicht mehrfach verstohlen zur Uhr zu schielen. Das zeigt dem Partner auf der anderen Seite nur eines: Der Kandidat gerät unter Stress. Er ist geistig schon wieder unterwegs. auf der Fahrt zum nächsten Termin. Das ist der geeignete Zeitpunkt für einen gewieften Einkäufer, das Thema PREIS noch einmal auf den Tisch zu holen. Das Ergebnis steht in diesem Moment schon fest: Er holt sich jetzt noch die 5% Rabatt, die er haben wollte. Alles eine Frage der mangelnden WERT-Schätzung. Mehr möchte ich zu dem Thema AUGE nicht sagen. Ich denke, Sie sehen jetzt schon ganz klar, worauf es dabei ankommt. Also schauen Sie immer genau hin!

4.6 Das R von OSKAR - meine Rückkopplung!

Was ist eigentlich Rückkopplung? Das gleiche wie Feedback? Nein, es ist etwas ganz anderes. Feedback ist letztlich eine Bewertung, eine Beurteilung, manchmal auch ein Urteil. Wir geben Feedback nach einem Erlebnis. Wir sagen, was uns gut oder was uns weniger gut daran gefallen hat. Dann kann der andere, oder wenn wir selbst Gegenstand sind, dann können wir selbst entscheiden, ob und was und wie etwas beim nächsten Mal anders, im Zweifel besser gemacht werden kann.

Rückkopplung ist der Service für einen anderen Menschen, für den wir eine Aufgabe übernommen haben. Das kann ein externer Kunde oder auch ein interner Kunde, ein Kollege, eine Kollegin sein. Letzteres wird uns gleich zu Beginn des nächsten Themas begegnen, als idealer Übergang zwischen diesem und dem nächsten Kapitel. Also hier zum Abschluss noch eine Rückkopplungs-Erklärung am Beispiel eines externen Kunden. Sie haben die Checklist-Technik ja bereits kennengelernt. Und Sie wissen, dass ich das Original meiner Projekt-Checkliste immer gerne dem Kunden überlasse und mir von ihm eine Kopie ziehen lasse. Dann kann ich oft schon zwei, drei Tage später dem Kunden eine gezielte Rückkopplung geben, das bedeutet: ich kann ihm sagen, wie weit ich mit der Erledigung der einzelnen Punkte bereits gekommen bin, was noch ausssteht und bis wann er auch hier mit einem Ergebnis rechnen darf. Das befriedigt sein Bedürfnis nach Wichtigkeit, nach ANERKENNUNG, das befriedigt in besonderer Weise sein Bedürfnis nach SICHERHEIT. Das bestärkt ihn in dem Gefühl: „Ja, Du bist bei ihm, bei ihr in den besten Händen. Du wirst vom besten DienstLeister, den es für diese Aufgabe, diese Problemlösung geben kann, persönlich, höchst zuverlässig betreut. Deshalb hat er, hat sie mein vollstes Vertrauen verdient!“

Das R im internen Service!

Lassen Sie uns, zum Abschluss dieses wichtigen Buchstabens von OSKAR, noch ein Beispiel aus dem internen LieferPartner und Kunden-Verhältnis wählen, weil es ein idealer Übergang ist zu Kapitel 5. Kooperation – Mein ServiceTeam. An diesem Beispiel wird die interne ServiceKultur des Unternehmens deutlich.

Angenommen, eine Kollegin bittet Sie gleich am Morgen am Kaffeeautomaten um Ihre Hilfe. Sie erhält heute Nachmittag um 14:00 Uhr Besuch eines wichtigen Kunden. Sie benötigt dazu noch eine Präsentation über ein Projekt, das sie lediglich begleitet, aber nicht eigenverantwortlich geführt hat. Sie sind der Experte für besonders stimmige und wirkungsvolle Präsentationen. Ihre Kollegin bittet Sie, die Zusammenstellung und Gestaltung der Charts zu übernehmen und bespricht mit Ihnen die drei Punkte, die sie von diesem Projekt braucht. Es sind für jedes der drei Themen maximal drei Charts. Sie sagen es der Kollegin zu, wünschen ihr einen schönen Tag und gehen zu Ihrem Schreibtisch. Schon zwei Stunden später haben Sie die Präsentation im Griff, es fehlen nur noch zwei Seiten, weil Sie noch eine Information von einem Kollegen brauchen. Aber bis zum Mittag wird alles hundertprozentig fertig sein.

❑ Jetzt versetzen Sie sich bitte einmal in den Kopf und in den Bauch Ihrer Kollegin so gegen elf Uhr. Schwer vorstellbar, dass sie ein wenig hin- und hergerissen ist, ob sie mal zwischendurch bei Ihnen nachfragen soll, wie weit Sie sind, ob Sie gegebenenfalls noch irgendetwas von ihr brauchen?

❑ Können Sie sich vorstellen, was sie denkt und vor allem, was sie in ihrer Magengrube fühlt, wenn sie zum Mittagessen in die Kantine geht, Sie aber dort nicht antrifft, weil Sie mal kurz über die

Straße hinüber zum Italiener gegangen sind, weil Ihnen das Kantinenessen langsam zum Halse herauskommt?

❑ Können Sie verstehen, dass sie mit leicht unsicherem, vielleicht auch vorwurfsvollem Blick schließlich um halb zwei zu Ihnen ins Büro kommt und fragt, ob Sie fertig geworden sind? Und Sie fast beleidigt sagen, dass Sie längst fertig sind und weshalb sie jetzt so drängelt – sie habe doch gesagt, das der Besuch um 14:00 Uhr da sei. Es sei ja noch über eine halbe Stunde bis dahin! Ihr persönlicher Rückkopplungs-Service hätte all diese Irritationen vermeiden können. Wie wäre es mit einem Anruf so gegen zehn Uhr:

❑ **„Hallo, ja ich bin es, Klaus. Die Kuh ist schon mit drei Beinen vom Eis. Mir fehlt nur noch eine einzige Angabe. Die bekomme ich jedoch spätestens um elf Uhr von Frank. Ich bringe Dir die Präsentation dann rechtzeitig vor Mittag vorbei!"**

Versetzen Sie sich jetzt wieder in den Kopf und in den Bauch Ihrer Kollegin. Muss ich jetzt nicht weiter erläutern, oder!? Vielleicht können Sie ja sogar noch einen draufsetzen: Sie rufen kurz nach elf noch einmal bei ihr an und fragen sie:

❑ **„Sag, wieviele Personen kommen denn heute Nachmittag zu Deinem Meeting? Soll ich die Präsentation auf Sticks ziehen und auch noch ein Handout bereitlegen? Ich decke dann gleich noch einen Block dazu ein und die Kaffetassen ebenfalls. Da musst Du Dich selbst nicht darum kümmern!"**

Versetzen Sie sich jetzt noch ein letztes Mal in den Kopf und in den Bauch Ihrer Kollegin... Fühlt sich gut an! Oder?

WIR
heisst im ServiceTeam immer
ICH!

5. Kooperation

Mein ServiceTeam!

Meine Zusammenarbeit mit Kollegen/Mitarbeitern im Team, mit anderen DienstLeistungs-Bereichen, mit Liefer-Partnern!

- ❑ Wie präge ich selbst unsere interne DienstLeistungs-Kultur?
- ❑ Verstehe ich mich auch intern als DienstLeister?
- ❑ Bin ich Einzelkämpfer oder Team-Player?
- ❑ Welche Team-Player-Qualitäten zeichnen mich aus?
- ❑ Wie genau erfülle ich die Erwartungen der Kollegen?
- ❑ Wie kann ich diese Erwartungen übertreffen?
- ❑ Gilt mein Wort? Kann man sich auf mich verlassen?
- ❑ Respektiere ich unterschiedliche Menschen im Team?
- ❑ Vertraue ich Kollegen?
- ❑ Können die Kollegen mir selbst vertrauen?
- ❑ Wie arbeite ich mit meinem Team-Coach zusammen?
- ❑ Wie sehr engagiere ich mich bei der Erreichung unserer gemeinsamen Team-Ziele?

5.1 Die TeamStruktur – die TeamKultur!

In den meisten Unternehmen geht es in Kundenorientierungs- und anderen Veränderungs-Prozessen oft zuallererst um Struktur-Veränderungen, weniger bis gar nicht um Kultur-Veränderungen. Reine Struktur-Veränderungen sind jedoch immer die Stunde der „Nilpferde“. Sie verbreiten beruhigende Botschaften mitten im – von ihnen so empfundenen – „Veränderungswahn“:

Kooperation!

Konfrontation

„Leute, macht euch nicht verrückt – das wird bereits die vierte, lass mich nachdenken, nein, die fünfte Struktur-Veränderung, die ich unbeschadet überstehen werde. Es ist immer das gleiche. Wir werden uns wieder mal in unzähligen Workshops – interne Bezeichnung „Würgshops“ – mit unzähligen KVP-Projekten beschäftigen. Die normale Arbeit bleibt derweil liegen. Ist ohnehin nicht tragisch. Das meiste davon erledigt sich von selbst – durch Ablage. Und tröstet euch – nach einigen Wochen ist der Anfall wieder vorüber. Danach geht alles wieder seinen normalen Gang, danach ist alles wieder wie gestern – die Erde dreht sich weiter. Und nur noch vierzehn Jahre bis zur Frühpension!“

Von der Konfrontation zur Kooperation!
Was Unternehmen brauchen, um auf DienstLeistungs-Märkten erfolgreicher zu werden als andere, ist die Veränderung der Kultur. Nur eine konsequent kundenorientierte Kultur führt zu einer

konsequent kundenorientierten Struktur – und nicht umgekehrt! Gibt es in Ihrem Unternehmen immer noch „Ab-Teilungen“? Dann kennen Sie die Spielchen hinter den Kulissen und das Schauspiel vor den Kulissen, das den Kunden nicht verborgen bleibt: „Konfrontation“ heißt das Stück! Radio Korridor berichtet jeden Tag von der Front, besser den Fronten. Es ist überall was los: „Haste schon gehört…?“

DelphinKultur!

NilpferdKultur

In solchen Unternehmen sind die „Nilpferde“ König und der Kunde Bettelmann. In einer solchen Un-Kultur werden Kunden nicht betreut, sondern belästigt. Nicht beraten, sondern belehrt! Und das von besserwisserischen Sach-Bearbeitern in der Auftrags-Abwicklung – schon das Wort ist so kundenfeindlich wie sonstwas! Für Abwickler und Verwalter stören Kunden den Sozialen Frieden! Nichts, aber auch nichts kann so richtig eingefleischte, dickfellige Nilpferde in ihrer Einstellung vom „Beschäftigten“ zum „Mit-Arbeiter“ bewegen – warum sollten sie auch? Im Einzelhandel werden die Störenfriede von überzeugend auftretenden „Laden-Hütern“ abgewehrt. Sie sehen ihre Aufgabe als Verkäufer wohl eher darin, aufzupassen, dass nichts wegkommt. Kunden klauen ja bekanntlich wie die Raben! Manche Einzelhändler scheinen ihre „Personal-Auswahl“ nach dem Kriterium getroffen zu haben, dass Gesichtsausdruck und Körpersprache die zusätzliche Einstellung von Security-Personal überflüssig machen. Und auch den Wachhund!

5.2 Das DelphinTeam-Modell!

Vielen Menschen ist nicht bewusst, dass der Delphin ein hoch intelligentes Säugetier, ja ein Raubtier ist, ein taktisch kluger Jäger. Der Delphin ist ein ausgeprägt soziales Wesen, mit unbändiger Leistungskraft und ausgesprochen partnerschaftlichem Verhalten.

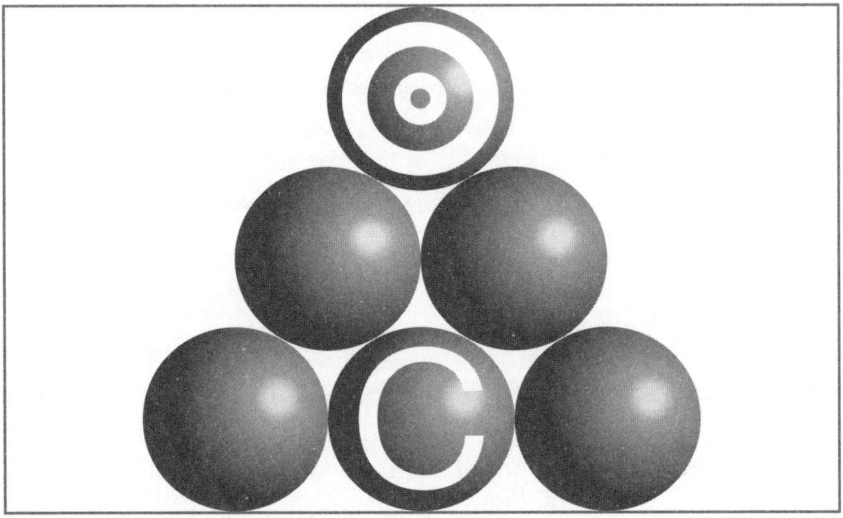

© 2012 Die ServiceSchule

Das Kugel-Modell zeigt anschaulich, wie eine „DelphinSchule" im Unternehmen funktioniert, wie sie organisiert ist, um ihre Ziele zu erreichen. Eines dazu vorweg:

- ❑ **DelphinTeam-Kultur ist keine Streichelzoo-Kultur!**
- ❑ **DelphinTeam-Kultur ist eine Hochleistungs-Kultur!**

Ich habe das sensible Kugel-Modell entwickelt, das physikalisch zeigt, worum es geht. Jeder, der das Modell sieht, weiß gleich auf den ersten Blick, dass dieses Kugel-Modell in der Wirklichkeit so nicht funktionieren kann. Weil Kugeln nicht aufeinander stehen bleiben. Also Unsinn!? Ein klein wenig Geduld – darf ich erläutern, welche Überlegungen mich vor Jahren zu dieser Darstellung gebracht haben? Ich hoffe, Sie werden hinterher vielleicht auch meiner Meinung sein, dass es zumindest ein gutes Denk-Modell ist.

Die Sogkraft der Kugeln!
Wie müsste jede Kugel physikalisch beschaffen sein, damit das Modell zumindest für kurze Zeit, für einen Moment lang so stehen bleiben könnte? Richtig: Jede Kugel müsste magnetisch sein. Sie erinnern sich, dass wir weiter vorne im Buch über die Sogkraft des Unternehmens und Ihre eigene (!!!) gesprochen haben.

Die Zielgruppen-Kugel!
Die oberste Kugel – die mit der Zielscheibe – ist die Zielgruppen-Kugel, an der sich alle Kugeln darunter ausrichten. Diese Kugel wird umso stärker von den Kugeln darunter angezogen, je stärker deren Sogkraft (besonders auch Ihre eigene!!!) untereinander wirkt.

Die KundenBetreuer-Kugeln!
Die beiden Kugeln direkt darunter stehen sinnbildlich für die Betreuer der Kunden im Innen- und AussenDienst. Zwischen beiden existiert nicht länger der täglich gelebte Kampf, zwischen den Bereichen, nach dem Muster: Die da drinnen – die da draußen!

Die ServiceCoach-Kugel!
In der Mitte an der Basis wirkt die Kugel mit dem C – das ist die entscheidende Kugel in diesem Modell. Es ist die Kugel der Führungskraft, die sich als Coach und nicht alleine als Controller versteht, die sich hinter die Mitarbeiter im KundenKontakt stellt, die Kraft, die das ganze Modell trägt. Der ServiceCoach ist die Kugel, die alle DienstLeistungs-Bereiche (DLB) links und rechts so koordiniert, dass sich dadurch eine starke Basis für alle Mitarbeiter im direkten KundenKontakt ergibt.

Zwischen den DLB gibt es keine Schnitt-Stellen mehr, kein Ab-Teilungs-Denken- und -Verhalten, kein Herrschaftswissen und kein Einzelkämpfertum, kein Front-Office, kein Back-Office.

Wenn diese Einstellungen vorbildlich vorgelebt werden von jeder einzelnen Führungskraft, erlebbar gemacht werden von jedem einzelnen Mit-Arbeiter im KundenKontakt und im internen Service, dann prägen sie die DienstLeistungs-Marke ihres Unternehmens in besonderer Weise.

Erfolgreicher als andere Unternehmen wird Ihr Unternehmen, Ihr Betrieb, Ihr Geschäft, Ihre Praxis, Ihr Institut werden, wenn alle Führungskräfte und alle Mit-Arbeiter anders als andere sind – also auch Sie ganz persönlich:

Meine interne ServiceKommunikation

- ❑ **Aufmerksam- ER!**
- ❑ **Engagiert- ER!**
- ❑ **Kreativ- ER!**
- ❑ **Kompetent- ER!**
- ❑ **Kooperativ- ER!**
- ❑ **Kommunikativ- ER!**
- ❑ **Teamorientiert- ER!**

Arbeiten Sie eigen-motiviert und ständig zusammen mit all Ihren Kolleginnen und Kollegen daran, diese Werte jeden Tag neu für Ihre internen und externen Kunden erlebbar zu machen, sichtbar, hörbar, fühlbar – und Ihre DienstLeister-Zukunft ist gesichert!

5.3 Die drei Siebe!

Sokrates war, wie wohl jeder weiß, ein großer weiser Mann im alten Griechenland. So kam einmal ein Mann zu ihm und sagte:

„Du, Sokrates - ich muss dir unbedingt etwas über Deinen Freund erzählen!“

„Warte,“ unterbrach ihn der Weise, „Du hast doch sicher das, was Du mir über meinen Freund sagen willst, durch die drei Siebe hindurchgehen lassen!?"

„Drei Siebe? Durch welche drei Siebe?“

„So höre gut zu! Das erste ist das Sieb der Wahrheit. Weißt Du ganz sicher, ob alles, was Du mir sagen willst, auch wirklich wahr ist?“

„Nun, eigentlich nicht genau - ich habe es nur von anderen gehört.“

„Aber dann hast Du es wohl sicher durch das zweite Sieb hindurchgehen lassen? Es ist das Sieb der Güte – das zeigt, ob es etwas Gutes ist, das Du mir sagen willst!?"

Der Mann errötete: „Ich muss gestehen – nein.“

„Dann hast Du aber ganz sicher an das dritte gedacht - das Sieb des Nutzens - und dich gefragt, ob es wirklich nützlich ist - für mich oder für meinen Freund, was Du mir über ihn erzählen willst!?“

„Nützlich? - Nein, eigentlich nicht.“

„Siehst Du“, sagte der Weise, „wenn das, was Du mir über meinen Freund erzählen willst, weder wahr, noch gut, noch nützlich ist – dann behalte es doch lieber für Dich!“

Wenn ich aufhöre, besser zu werden,
habe ich aufgehört, gut zu sein!

6. Innovation

Meine ServiceIdeen!

Mein Interesse, meine Offenheit für Neues, meine Lernfähigkeit, meine Veränderungsbereitschaft, meine Ideenkraft!

- ❑ Habe ich schon einmal Angst vor etwas Neuem gehabt – und hat es sich dann als sehr positiv für meine Entwicklung herausgestellt?
- ❑ Welche neuen Produkt-, Prozess- oder Leistungs- und Lösungs-Ideen habe ich in den letzten zwei Jahren mit entwickelt – wie viele davon konsequent umgesetzt?
- ❑ Wie ausgeprägt ist meine Bereitschaft zur persönlichen Veränderung in meinem Beruf?
- ❑ Wie gehe ich mit neuen Anforderungen um?
- ❑ Sehe ich in Veränderungen nur Risiken – oder auch Chancen?
- ❑ Was tue ich, um mich auf neue Aufgaben, neue Herausforderungen vorzubereiten?
- ❑ Vermeide ich Veränderungen, suche ich Ausreden, verharre ich lieber in meiner Komfort-Zone?
- ❑ Versuche ich, Gleichgesinnte zu gewinnen, die sich gegen die Veränderung organisieren?

6.1 Meine Komfort-Zone!

Eine ausgeprägte Veränderungs-Bereitschaft liegt nicht unbedingt in unseren Genen. Wenn wir einigermaßen mit unseren Lebensumständen zufrieden sind, hätten wir am liebsten, dass alles für die nächste Ewigkeit so bleibt. Regelmäßig per neuem Flächentarif-Vertrag ein wenig Geld mehr und hier und da eine Beförderung – so lässt sich ganz gut leben. Und das Ziel kommt so in ruhigem Fluss immer näher: Endalter Sechzig. Endlich! Jetzt hab ich's hinter mir! Mission erfüllt. Ziel erreicht! Zwischendurch wollen alle gerne mal duschen, aber um Himmels willen nicht nass werden. Das, was sich in der Welt verändern muss – das fällt immer in die Zuständigkeit anderer und deshalb haben diese es dann auch gefälligst auszubaden, wenn sie die notwendigen Veränderungen nicht angehen.

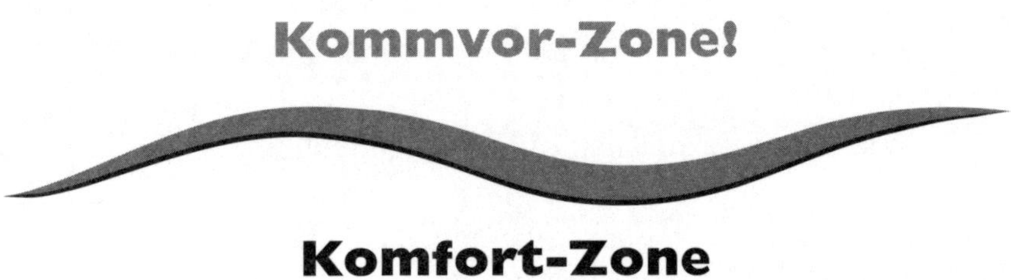

Diese Einstellung kann uns alle teuer zu stehen kommen. Überall in unserer Gesellschaft wären ganz dringende Reformen nötig. Hier und da sogar revolutionäre Veränderungen. Wir denken jedoch gesellschaftsweit lieber hinterher darüber nach, warum das Kind in den Brunnen gefallen ist, als vorzudenken und vorzusorgen, dass unser Kind nicht in den Brunnen fallen kann. Wir Menschen halten, bis auf wenige Ausnahmen, sehr gerne fest an dem, was wir kennen und woran wir uns schon so lange gewöhnt haben. Das gibt uns Sicherheit. Und deshalb macht es uns auch veränderungsresistent.

Wir brauchen ja alle das Gefühl der Sicherheit. Und deshalb will ich auch die Komfort-Zonen im Allgemeinen gar nicht schlecht reden. Noch nicht einmal meine persönlichen im Besonderen. Gut ist es natürlich, dass wir sie im Laufe unseres Lebens kennen- und richtig einschätzen lernen. Geprägt werden sie bereits in unserer Erziehung. Ich höre noch die Stimme meiner Mutter:

- **„Dafür bist du noch zu jung, zu klein, zu unerfahren!“**
- **„Pass auf, dass nichts passiert!“**
- **„Sei nicht so waghalsig!“**

Das hat sie alles natürlich nur zu meinem Schutz gesagt, um mich vor Unbill und Unglück zu bewahren. Sie hat mich also fürsorglich ent-mutigt! Mein Vater, der selbst seine Komfort-Zonen kaum einmal in seinem Leben verlassen, sich zu sehr an die äußeren und inneren Umstände in unserer großen Mehr-Generationen-Familie angepasst und zeit seines Lebens sehr darunter gelitten hat, hat deshalb immer versucht, es bei seinem ältesten Sohn vorsorglich ein wenig anders einzusteuern, hat mich dazu er-mutigt, immer häufiger in meine Kommvor-Zone aufzutauchen. Ich höre heute noch seine Stimme:

- ❑ **„Probier es aus!“**
- ❑ **„Mach Deine eigenen Erfahrungen!“**
- ❑ **„Lern die Verantwortung für Dein Handeln zu tragen!“**

Damals war ich jedoch geistig noch nicht so weit. Ich war das, was man einen „schlimmen Finger“ nannte in den 60er-Jahren. Und ich bin meinem Vater nie gerecht geworden. Ich selbst habe alles getan, um ihn zu ent-mutigen. Ist mir auch gelungen. Nachzulesen in meiner Erzählung DER EISENRING – von einem Bauernjungen, der auszog, das Leben zu lernen. Ein Buch mit über fünfhundert Seiten. Ein Beispiel dafür, wie erwachsen werdende Kinder auf keinen Fall mit ihren Eltern reden sollten.

Wie sieht es mit Ihrer eigenen Veränderungs-Bereitschaft aus? Kennen Sie Ihre Komfort-Zonen? Denken Sie jetzt nur mal an Ihren Beruf, an Ihre Arbeit, wo immer Sie tätig sind. Haben Sie sich schon einmal sagen hören:

- **Das haben wir immer schon so gemacht!**
- **Das haben wir noch nie so gemacht!**
- **Das ist bestimmt zu teuer!**

Diese Killerphrasen sind sehr beliebt. Und Alltag in jedem Unternehmen. Ich gebe zu, ich selber habe diese Floskeln ebenfalls schon oft benutzt – und kam mir dabei auch noch oft überlegen vor.

Chance!

Risiko

Voraussetzung ist natürlich immer eine kalkulierte Risiko-Einschätzung. Aber es ist zu einfach, sich mit dem Hinweis auf das Risiko aus der Sache rauszuhalten, um darauf zu warten, dass das Projekt schief geht. Dann kann man sich leicht als der weise Vor-Denker profilieren: „Ich habe es ja gleich gesagt!“ Wie toll! In jedem neuen Projekt liegen Risiken. Aber auch große Chancen! Die Welt ist nicht von den Risiko-Mahnern gebaut worden, sondern von den Chancen-Suchern und -Nutzern. Ich ärgere mich heute noch über mein Verhalten, dass ich andere besserwisserisch, demotivierend kritisiert habe und von ihrem Neu-Denken abhalten wollte. Oft genug musste ich dann aber (voller Neid) zusehen, wie sich ein Kollege nicht von seiner eigenen Komfort-Zone und erst recht nicht von mir, dem Ober-Bedenkenträger, abhalten ließ und sich trotz aller Widerstände, Einwände und besserwisserischen Ratschläge in seine Kommvor-Zone begab und dort Unmögliches und Unsinniges möglich und sinnvoll machte – und dafür dann mit vollem Recht den Lohn davontrug – mehr Geld, mehr Verantwortung, eine neue Position, eine Beförderung!

Pionier!

Siedler

- ❑ **Ich bin neuem Denken gegenüber grundsätzlich immer aufgeschlossen!**
- ❑ **Ich gewichte auch weiterhin die möglichen Risiken. Das ist überlegtes Verhalten und deshalb auch gut, weil es denkbar schlecht wäre, einfach unüberlegt in den Abgrund zu springen und sich dann wundert, dass man es nicht überlebt hat.**
- ❑ **Ich gewichte aber immer auch die Chancen. Ich lasse mich von der Energie der Chancen stärker leiten als von der Energie des Risikos.**

Kennen Sie den berühmten Mann, der als zweiter Mensch den Atlantik im Alleinflug überquert hat? Richtig, diesen Menschen kennt kein Mensch mehr, obwohl er die gleiche Leistung vollbracht hat wie der erste: Charles Lindbergh. Das war der Pionier. Der bedauernswerte Zweite ist nur als „Siedler“ hinterhergeflogen.

6.2 Unvergessliche ServiceErlebnisse!

Zur ganz besonderen ServiceMarke werden Sie mit Ihrem Gewerbebetrieb, Ihrem Unternehmen, mit Ihrer Praxis, Ihrem Institut dann, wenn es Ihnen gelingt, Ihren USE-Faktor dramatisch zu erhöhen.

Dienst nach Vorschrift ist Folge einer Norm. Da hat sich jeder dran zu halten. An den Vorschriften arbeiten wir uns ab. Da gibt es feste Öffnungszeiten, klare Verhältnisse. Da weiß der Kunde, woran er ist. Denn er hat sich gefälligst an unseren Vorschriften, an unserer Norm zu orientieren. Kunde sei so gut und begreif's endlich! Sollten Sie selbst andeutungsweise so denken – oder sollte Ihr Unternehmen in seinem ganzen Geschäftsgebaren doch eher einer Behörde gleichen, dann ändern Sie das in Ihrer Position – ändern Sie Ihre Einstellung. Nehmen Sie sich ganz persönlich vor, nicht immer das gleiche beamtenhafte Kauderwelsch und Fachchinesisch zu verwenden. Geben Sie Ihrer Kommunikation und Ihrem Verhalten eine persönliche, sympathische Note. Sie finden in Kapitel 4 hierzu ja eine Reihe von Anregungen. Ihr Ziel sollte es sein, Ihren Kunden, die Sie persönlich betreuen, wann immer es geht, kleine und große „Unvergessliche ServiceErlebnisse" zu bieten. Dr. Hans-Georg Häusel hat eine Planungs-Vorlage entwickelt, die sich ideal für jeden Bereich, für jede Branche eignet, und ganz bestimmt auch als Anregung für Ihren ganz persönlichen Service:

Beim **HAPPYService** geht es um die vielen kleinen Ideen, mit denen Sie für eine positive Überraschung Ihrer Kunden sorgen können, kleine Dinge, die einfach nur Freude auslösen.
Beispiel: Eine kleine Karte „Schöne Ferien“, weil der Kunde Ihnen gerade gesagt hat, dass er nächste Woche in Urlaub fährt.

Der **EASYService** macht das Leben für den Kunden leichter und einfacher. Kleine Gefälligkeiten, mit denen Sie ihm Zeit und Geld sparen, eine kleine Besorgung übernehmen, um die er sich dann nicht mehr selbst kümmern muss.
Beispiel: Klaus Kobjoll lässt in seinem Schindlerhof im Winter früh morgens die Scheiben der im Freien parkenden Gästefahrzeuge von einer Rentner-Band von Schnee und Eis befreien.

Beim **CAREService** kommt es auf die ganz persönliche Fürsorge an, auf Ihr zuvorkommendes Verhalten Menschen gegenüber.
Beispiel: Und nochmal Klaus Kobjolls Schindlerhof: Die Rezeption informiert anreisende Gäste rechtzeitig über Radarfallen! Gemeldet von den Taxifahrern der Umgebung. Tolle Fürsorge!

Mit Ihrem **TRUSTService** geben Sie Ihren Kunden Sicherheit, bauen damit wachsendes Vertrauen auf und tun alles dafür, um dieses Vertrauen immer und immer wieder neu zu rechtfertigen – durch Zuverlässigkeit, Ehrlichkeit, Transparenz.
Beispiel: Sie schicken eine instandgesetzte Ware nach einer Reklamation des Kunden nicht mit einem Paketdienst zurück, sondern bringen sie persönlich zum Kunden!

Mit dem **POWERService** sorgen Sie dafür, dass Ihr Kunde seine Wünsche schneller erfüllt bekommt, als er es erwartet.
Beispiel: Sie haben dem Kunden die fertige Leistung für Donnerstagmittag versprochen. Sie setzen sich zum Ziel, noch am Mittwochabend damit fertig zu sein. Dann bringen Sie z.B. das reparierte Gerät noch am Abend vorbei!

Ihr **VIPService** gibt dem Kunden das Gefühl, dass er für Sie sehr wichtig ist. Damit geben Sie ihm die Wert-Schätzung, die Grundlage jeglicher Wert-Schöpfung ist.
Beispiel: Ich kenne ein Unternehmen, da gibt es eine feste Regel, eine Leitlinie, auf die sich jeder einzelne Mitarbeiter verpflichtet:

- ❑ **Ich grüße jeden Besucher unseres Hauses –**
  und sei es die Steuerfahndung –
  aufmerksam mit Blickkontakt und Lächeln!

6.3 Meine Ideen und Lösungen!

Wer aufhört, besser zu werden, hat aufgehört, gut zu sein! Zugegeben, wir können nicht jeden Tag eine neue Idee entwickeln die unsere Welt dramatisch verändert und revolutioniert. Die meisten Ideen, die uns Menschen das Leben einfacher, lebenswerter, komfortabler, schöner und reicher gemacht haben, waren noch nicht einmal Ergebnis langjähriger gezielter Forschung. Die meisten Ideen sind gefunden worden, weil es Menschen gab, die nicht einfach den ganzen Tag so vor sich hinarbeiten (sog. „Beschäftigte"), sondern Menschen, die sich mit Ihrem Unternehmen, mit ihrem Beruf, mit ihrer Aufgabe voll und ganz identifizieren, die ihren Beruf geradezu leidenschaftlich als eine „Berufung" begreifen und im Alltag auch leben, die bei ihrer Arbeit ständig mit-denken und mit-gestalten. Deshalb nennt man solche Menschen in der Regel auch "Mit-Arbeiter". Diese haben aufgrund ihrer Passion einen Drang danach, tief in die Problemwelt ihrer Kunden einzutauchen, den Problemen wirklich auf den Grund zu gehen. Und deshalb tauchen sie dann auch immer wieder mit verblüffend einfachen Lösungen auf. Das IDW, das Institut der Deutschen Wirtschaft, hat vor Jahren einmal eine sehr aufschlussreiche Statistik über das Deutsche Vorschlagswesen in Unternehmen und Institutionen veröffentlicht, die sehr viel über die Motivation der Menschen aussagt, die in der jeweiligen Branche arbeiten.

Mitarbeiter-Vorschläge zur Prozess-Verbesserung
im Schnitt pro Betrieb und Jahr:

●	**in Krankenhäusern**	**4**	**Vorschläge**
●	**im Öffentlichen Dienst**	**6**	**Vorschläge**
●	**in Banken**	**12**	**Vorschläge**
●	**in DienstLeistungs-Betrieben**	**56**	**Vorschläge**
●	**in der Elektroindustrie**	**112**	**Vorschläge**

Ich kenne den Reflex vieler Wirtschaftsfeinde jetzt schon: Schuld daran sind einzig und allein die Unternehmer, die Vorgesetzten, die nicht motivieren können. Da sieht man es doch wieder deutlich! Frage: Könnte es auch unsere allgemeine gesellschaftliche Entwicklung sein, dass das Des-Interesse an Wirtschaft und Unternehmen immer größer wird, ja viele sie einzig und allein nur noch kritisieren? Kann es nicht sein, dass es sich viele in unserem Land einfach nur ziemlich leicht machen? Ist schon komfortabel, für alles Negative im Land immer gleich den selben Schuldigen parat zu haben. Dann sind wir selbst immer fein raus. Könnte diese allgemeine wirtschaftliche De-Motivation auch etwas damit zu tun haben, dass sich die Werte der Menschen in den satten Industrienationen langsam aber sicher verändern, und zwar nicht immer konsequent zum Positiven?

Mit-Denken im kontinuierlichen VerbesserungsProzess!

Es gibt sie Gott sei Dank immer noch: die engagierten Mit-Denker, Mit-Gestalter, Mit-Unternehmer. Frauen und Männer, die sich immer wieder darüber Gedanken machen, wie sie die Abläufe, in denen sie jeden Tag drin stecken, positiv verändern können, so dass viele Prozesse effektiver und effizienter gestaltet werden können.

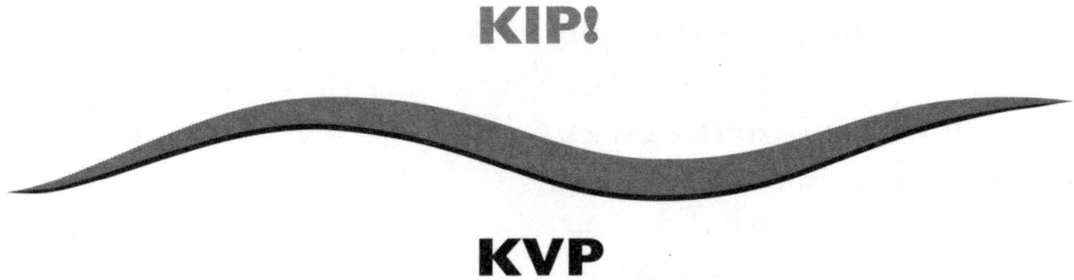

Bewusst habe ich die Buchstaben KVP = Kontinuierlicher Verbesserungs-Prozess unterhalb der Welle platziert. Natürlich sind die KVP-Projekte in den Unternehmen sehr wichtig, wichtiger denn je, um im Wettbewerb bestehen zu können und Arbeitsplätze zu sichern. Es gibt Mit-Arbeiter, die mit ihrem Mit-Denken sogar ganz erhebliche Zusatzeinkommen im Jahr erzielen.

Mit-Denken im Kontinuierlichen Innovations-Prozess!
KVP alleine genügt nicht mehr. Will ein Unternehmen in Zukunft noch wachsen und damit mehr Menschen in Lohn und Brot bringen, dann braucht es dazu einen KIP – einen Kontinuierlichen Innovations-Prozess. Reales Wachstum ist in der Zukunft nur durch neue Produkte und Leistungen zu erreichen.

Es gibt vermehrt Unternehmen, die dieses Mit-Denken auch wirklich wert-schätzen. Unternehmer, die in Mit-Arbeitern Leistungs-Faktoren sehen, die zur Wert-Schöpfung des Unternehmens entscheidend beitragen. Die auch auf ältere Mit-Arbeiter setzen, die mit ihrer ganzen Erfahrung helfen, bestehende Produkte und Leistungen immer weiter zu verbessern, die jedoch auch in der Lage sind, wertvolle Impulse zum Neu-Denken, Anders-Denken, Kreativ-Denken zu geben.

Wo stehe ich selbst in diesen Prozessen?

Das ist die alles entscheidende Frage. Die Antwort kann nur lauten:

- ❑ **Ich bringe all die Impulse aus diesem Buch zusammen mit meiner Erfahrung, mit meiner Bereitschaft, mitzudenken und umzudenken.**

- ❑ **Ich gehe mit frischer Motivation und offenem Geist ans Werk!**

- ❑ **Ich mache mir einen Marken-Namen mit meinen Vorschlägen, die meine eigene Zukunft sicherer machen und damit auch die meiner Kollegen. Es macht große Freude und bringt mich selbst weiter!**

6.4 Meine OSBORN-Checklisten!

Diese Checklisten werden weltweit sehr gerne und erfolgreich in Veränderungs-Prozessen verwendet. Viele Ideen kommen nicht einfach so als Geistesblitz daher, sondern als Ergebnis von systematischer Arbeit. Und Ideen-Entwicklung ist harte Arbeit. In unzähligen Unternehmen werden jeden Tag unzählige WORKshops veranstaltet, von denen viele als WÜRGshops verstanden werden und auch so enden. Aber es gibt immer wieder auch erfolgreiche WIRKshops, an deren Ende ein Neubeginn steht, weil eine oder gar mehrere Ideen gefunden werden, die gleich danach in die Projektierung, in die Umsetzung gehen. Hier die einfachen Kern-Bestandteile:

Was kann ich im Einzelnen verändern... ?

- ❑ **erweitern**
- ❑ **vermindern**
- ❑ **vermehren**
- ❑ **verringern**
- ❑ **entlehnen**
- ❑ **wegnehmen**
- ❑ **hinzufügen**
- ❑ **kombinieren**

Welche Leistungsbereiche kann ich dabei prüfen... ?

- ❑ **Material**
- ❑ **Funktion**
- ❑ **Leistung**
- ❑ **Wirkung**
- ❑ **Design**
- ❑ **Nutzung**
- ❑ **Handling**
- ❑ **Vermarktung**

6.5 Die 7 Stufen meiner Veränderung!

Zur Abrundung des Themas Veränderungs-Bereitschaft und Neu-Orientierung darf eines natürlich nicht fehlen – ein Modell zur ganz persönlichen Veränderung.

Worin liegt mein ganz persönliches Problem?
Bin ich mit dem falschen Lebens-Gefährten zusammen und bedeutet dieser für mich Lebens-Gefahr? Ist ja der gleiche Wortstamm, oder? Bin ich im falschen Unternehmen, im falschen Job und bleibe ich nur deshalb dort, weil ich nichts Besseres finde oder weil ich nicht weiter wegziehen möchte, weil meine kuschelige Heimat mir so viel bedeutet, dass ich versuche, mich damit abzufinden? Oder bin ich suchtkrank oder komme ich mit meinem Leben generell nicht mehr klar? Diese 7 Stufen sind ein Modell, an dem Sie Ihren Aufstieg aus den Tiefen des Lebens zu neuem Licht orientieren können:

Lieben!
Leben!
Lernen!
Loslegen!

Leiden!
Loslassen!
Leugnen!

Leugnen!

Diese Lebensphase ist die schwierigste. Ich denke, die kennt jeder Mensch, ganz unabhängig von der Schwere des Problems, das uns unter Wasser drückt und dort unten hält. Sich einzugestehen, dass es überhaupt ein Problem gibt, ist schon unglaublich schwierig. Es klar zu erkennen und es auch deutlich zu benennen:

Ja, ich gestehe es mir ein, ich leugne es nicht weiter, ich kann und will es nicht mehr verdrängen:

❑ Ich bin nicht mehr frei, ich bin an etwas gebunden, das mich fesselt.

❑ Ich bin einer Sucht oder einem Menschen, sogar einer Aufgabe verfallen, bin abhängig geworden.

❑ Ich bin hier nicht mehr auf dem richtigen Weg. Ich bin hier falsch, ich lebe nicht mehr mein Leben, ich muss überall zurückstecken und werde gelebt, ich bin im falschen Job, im falschen Beruf.

❑ Ich fühle mich schon lange überfordert, ich leide an Burn-out (nicht als Modekrankheit, sondern wirklich), weil ich mich selbst über lange Zeit überfordert habe oder mich habe zu lange überfordern lassen.

❑ Ich fühle mich schon lange unterfordert, ich leide an Bore-out, chronischer Langeweile und Lustlosigkeit, weil ich mir nichts zugetraut habe und viel zu lang in meiner Komfort-Zone geblieben bin, anstatt in meine Kommvor-Zone aufzusteigen.

❑ Ich habe ein anderes Problem: ______________________

Loslassen!

Wenn ich unter Wasser bin, darf ich nicht abwarten, bis mir jemand raushilft – der Staat oder sonstwer – dann muss ich einfach beginnen zu schwimmen, damit ich wieder auftauchen kann.

Voraussetzung: Ich muss den Mühlstein loslassen, der mich nach unten zieht, damit ich zwei Hände frei habe zum Schwimmen! Eine logische Abfolge, oder? Ja, das wichtigste Instrument, das mir beim Auftauchen und auf Kurs zu neuen Ufern gehen hilft, ist der Gesunde Menschen-Verstand!

Ich weiß, wie schwer es ist, sich zu trennen. Von liebgewordenen Gewohnheiten. Von Umständen. Von Sachen. Von Menschen. Wenn all das mich jedoch auf Dauer hindert, wieder nach oben zu kommen in den Sauerstoff, dann muss ich mich davon lösen. Das sagt sich trotz allem leichter, als es getan ist. Natürlich wissen Sie wie ich, was uns da hindert, es zu tun:

- **Wir wollen anderen Menschen nicht weh tun.**
- **Wir wollen auf Gewohntes, die Vorteile nicht verzichten.**
- **Wir haben Angst vor den Nachteilen und dem, was kommt!**

Haben Sie es selbst schon einmal erlebt, dass Sie viel zu lange an etwas festgehalten haben, wovon Sie wussten, dass Sie sich unbedingt davon trennen müssen.Und in dem Moment, in dem es Ihnen dann nach endlosem Hin und Her schließlich doch gelungen ist loszulassen, wussten Sie schon, dass Sie es eigentlich schon lange vorher hätten tun müssen. Das wäre besser gewesen, billiger gekommen, leichter gewesen.Nur Mut! Schon im Moment des Loslassens, zumindest jedoch ganz kurze Zeit danach, stellt sich schon eine gewisse Erleichterung ein und Sie spüren, wie Sie sich vom Meeresboden lösen und langsam beginnen zur Wasser-Oberfläche emporzusteigen.

Leiden!

Wenn wir uns von irgendetwas Gewohntem, Liebgewordenem aber auch zur Lastgewordenem trennen – wenn wir losgelassen haben, verspüren wir kurz danach einen großen Trennungsschmerz.

Jetzt entscheidet es sich, ob wir endgültig auftauchen können und wieder Land sehen oder nicht. Denn es ist eine ganz schwierige Phase, weil wir von diesem Schmerz ganz leicht wieder nach unten gezogen werden können.

Ich möchte das einmal an einem Extrem-Beispiel darlegen. Da ist eine junge Frau jeden Nachmittag um 17:00 Uhr, wenn ihr Mann aus dem Büro nach Hause kam, von diesem grün und blau geschlagen worden. Die Nachbarn haben es schon lange mitbekommen, dass da etwas Schlimmes vor sich geht. Sie haben schon mehrfach die Polizei gerufen. Aber die junge Frau hat es stets geleugnet, hat einen Sturz die Treppe hinunter oder einen plötzlich auffliegenden Fensterflügel verantwortlich gemacht für ihre blau-grünen Augenbrauen und Arme. Bis sie sich dann schließlich doch ein Herz fasste, aus der Wohnung aus und bei ihren Eltern wieder einzog, als sie selbst spürte, dass das Ganze immer mehr eskalierte und immer unerträglicher, immer unkontrollierbarer wurde.

Nach Wochen jedoch kam der Trennungsschmerz mit ungeheurer Macht über sie. Und sie begann, sich ihren Mann wieder lieb zu reden, denn schließlich hat er sie tagsüber, wenn er auf der Arbeit war, überhaupt nicht geschlagen. Er hat ihr schließlich auch alles im Haus repariert und sogar den Müll regelmäßig rausgetragen. Außerdem war er doch die Liebe ihres Lebens! Und er war es doch immer noch... bis sie schließlich zurückkehrte. Und wenige Wochen später steht eine Ehetragödie in der Zeitung... Weil die junge Frau Angst hatte vor dem Neuen, Angst hatte aufzutauchen, ihren Mühlstein endgültig loszulassen...

Loslegen!

Wenn ich unter Wasser bin, darf ich nicht abwarten, bis mir jemand raushilft – der Staat oder sonstwer – dann muss ich einfach ganz aktiv loslegen, konsequent beginnen zu schwimmen, damit ich endgültig wieder auftauchen kann. Erst wenn ich mit dem Kopf aus dem Wasser auftauche, kann ich klar sehen, ein neues Ziel erkennen, das Ufer ausmachen, ein neues Gestade ansteuern. Dieses Handeln statt Hoffen spielt für unser Psyche, für unsere gesamte Energie-Entwicklung eine überragend große Rolle. „Schau der Angst in die Augen – und sie beginnt zu blinzeln!" Der Verfasser dieses denkwürdigen Satzes ist mir leider entfallen. Aber er stimmt! Eines müssen Sie dabei klar haben: Wer Schwimmen lernt, wird Wasser schlucken! Am Anfang kommen Sie immer wieder mal unter Wasser. Aber mit der Zeit immer weniger! Wir sind eine Einheit von Geist, Körper und Seele. Sobald wir aktiv werden, schwindet die Angst, wächst unser Zutrauen. Wir spüren die Kraft in uns, unsere Zuversicht wächst.

- ❑ **Wenn ich ein neues Ziel definiert habe, schreibe ich es auf.**

- ❑ **Ich überlege mir die einzelnen Schritte und Maßnahmen und fertige mir davon eine Projekt-Checkliste an.**

- ❑ **Ich gliedere jede Maßnahme in drei konkrete Schritte, die genau beschreiben, was ich wie und wann tun werde:**

  1. Schritt:
  2. Schritt:
  3. Schritt:

- ❑ **Und dann beginne ich heute noch mit dem 1. Schritt.**

Lernen!

Sofort nach dem ersten Schritt tauchen Sie auf. Sie werden es erleben. Ihre ganze Energie ist jetzt auf Auftrieb geschaltet, Sie denken überhaupt nicht mehr über den bis dahin drohenden Untergang nach. Unser Schöpfer hat das in unsere Natur gelegt. Ein tolles Gefühl! Plötzlich schaffen wir Dinge, die wir uns nie und nimmer zugetraut hätten. Hinter dem Wort NOTWENDIG steht die großartige Bedeutung: NOT MACHT WENDIG. Unsere Muttersprache malt herrlich stimmige Bilder. So lange die Not neben uns auf dem Stuhl hockt, reden wir lediglich sehr akademisch über sie. So, wie unsere gesamte Gesellschaft von den drohenden Nöten in unserer Zukunft spricht. Wenn sich in einigen Jahren herausstellt, dass wir der Not nicht mehr aus dem Weg gehen können, dann werden wir wendig und in kürzester Zeit lernen, mit der veränderten Welt umzugehen. Das war immer schon so und das wird immer so bleiben. Das Problem im Moment ist: Wir sind zu satt. Wir müssen wieder hungrig nach Veränderung werden, dann werden wir wendig. Dann schaffen wir Großes. Denken Sie nur einmal an die Trümmerfrauen in Deutschland nach dem zweiten Weltkrieg. Die Not war unendlich groß. Aber schon gleich danach, als sie den ersten Backstein in die Hände genommen und ihn von altem Mörtel gesäubert hatten, entstand etwas Neues, Großartiges, das vom Rest der Welt „Wirtschaftswunder“ genannt wurde.

Leben!

Der nächste Schritt ist nur noch ein kleiner. Sehr schnell machen Sie das Neue zu Ihrem neuen Leben, es ist nicht mehr fremd – Sie fühlen sich jetzt rundum wohl in Ihrer neuen Haut!

Lieben!

... und dann sind Sie wieder ganz oben auf Ihrer Lebensskala angelangt, wenn Sie sich selbst, Ihre neuen Aufgaben und die neuen Menschen lieben können! Dafür sind wir auf der Welt!

Ich diene mit Leistung – mein ErfolgsPrinzip Nr. 1

7. Aktion

Meine ServiceEntwicklung!

Mein Verhalten als ServicePartner – meine Regeln und Rituale! Mein PEP – mein Persönlicher EntwicklungsPlan!

- ❑ Bin ich mir wirklich bewusst,
  welche drängendsten Probleme meine Kunden haben?
- ❑ Bin ich mir wirklich bewusst, wie meine Kunden
  meine Persönlicher ServiceQualität erleben??
- ❑ Lebe ich meine Persönliche ServiceQualität
  nach meinen eigenen Leitlinien und nach festen Regeln?
- ❑ Wie vermindere ich meine Schwächen –
  und wie stärke ich meine Stärken?

7.1 Mein PEP - Persönlicher EntwicklungsPlan

Gott hat die Zeit geschaffen, der Teufel die Uhr. Wir alle kennen dieses Phänomen. Keine Zeit zu haben, ist gesellschaftlich hoch anerkannt. Deshalb gehen wir zu wenig konsequent und diszipliniert daran, an diesem Umstand etwas zu verändern.

- **Wir vergeuden unsere wertvolle Zeit.**
- **Wir vertreiben unsere wertvolle Zeit.**

Eine sehr heilsame Übung ist, sich einmal über eine Woche hinweg einen ehrlichen, unverfälschten Status über den persönlichen Zeitverbrauch zu machen. Dabei werden Sie wahrscheinlich feststellen, dass Sie nicht zu wenig Zeit haben, sondern Ihre Zeit vielleicht nicht wirklich gut nutzen. Wenn Sie unzufrieden sind mit Ihrem Ergebnis, dann verändern Sie es. Hilfreich sind diese drei Bereiche. Sie werden sehen, dass sich einiges ändern lässt, wenn Sie sich den **WERT des Zeitnutzens** vorher bewusst machen.

- ❑ **Das werde ich ab sofort WENIGER machen:**

  ____

- ❑ **Das werde ich ab sofort MEHR machen:**

  ____

- ❑ **Das werde ich ab sofort ANDERS machen:**

  ____

Jetzt geht es darum, das, was Sie an wertvollen Impulsen in diesem Buch erhalten haben, auch konkret in die Weiter-Entwicklung Ihrer Persönlichen ServiceQualität zu übertragen. Starten Sie mit der Bearbeitung Ihres ServicePartner-Profils. Schlagen Sie bei jedem einzelnen Kriterium noch einmal auf den Seiten 102 bis 112 nach, was im Einzelnen darunter verstanden werden kann. Wenige Ziele konsequent umgesetzt sind viel besser, als sich dreißig Dinge zum Ziel zu setzen. Sie wissen dabei ja jetzt schon, dass Sie das niemals schaffen können. Weniger ist mehr – wenn Sie Ihre wenigen konkreten Ziele ganz konsequent an jedem Tag verfolgen.

Der Wert **8** ist der normale Spitzen-Wert, ein ständig zu haltender Hochleistungs-Wert, verbunden mit der Bereitschaft, auch immer mal für kurze Zeit auf **10** hochzugehen, wenn ein besonderer Einsatz notwendig ist. Ständig auf den 10er Hochtouren zu laufen, würde zwangsweise einen wirklichen Burn-out wegen Überforderung nach sich ziehen. Sie würden Ihren Pkw auch nicht ständig mit Vollgas fahren, oder!?

❑ Eigen-Motivation

dienstleistungsbereit 0 1 2 3 4 5 6 7 **8** 9 10
Das werde ich zuallererst tun, um mindestens **8** zu erreichen:
1.____

überzeugt und identifiziert 0 1 2 3 4 5 6 7 **8** 9 10
Das werde ich zuallererst tun, um mindestens **8** zu erreichen:
1.____

engagiert und zielstrebig 0 1 2 3 4 5 6 7 **8** 9 10
Das werde ich zuallererst tun, um mindestens **8** zu erreichen:
1.____

veränderungs-/lernbereit 0 1 2 3 4 5 6 7 **8** 9 10
Das werde ich zuallererst tun, um mindestens **8** zu erreichen:
1.____

lösungsorientiert 0 1 2 3 4 5 6 7 **8** 9 10
Das werde ich zuallererst tun, um mindestens **8** zu erreichen:
1.____

stress-stabil 0 1 2 3 4 5 6 7 **8** 9 10
Das werde ich zuallererst tun, um mindestens **8** zu erreichen:
1.____

❑ Sozial-Kompetenz

gepflegte Erscheinung 0 1 2 3 4 5 6 7 **8** 9 10
Das werde ich zuallererst tun, um mindestens **8** zu erreichen:
1.____

aufmerksam freundlich 0 1 2 3 4 5 6 7 **8** 9 10
Das werde ich zuallererst tun, um mindestens **8** zu erreichen:
1.____

respektvoll höflich 0 1 2 3 4 5 6 7 **8** 9 10
Das werde ich zuallererst tun, um mindestens **8** zu erreichen:
1.____

kommunikativ offen 0 1 2 3 4 5 6 7 **8** 9 10
Das werde ich zuallererst tun, um mindestens **8** zu erreichen:
1.____

kooperativ im Team 0 1 2 3 4 5 6 7 **8** 9 10
Das werde ich zuallererst tun, um mindestens **8** zu erreichen:
1.____

zuverlässig vertrauenswürdig 0 1 2 3 4 5 6 7 **8** 9 10
Das werde ich zuallererst tun, um mindestens **8** zu erreichen:
1.____

❑ Fach-Kompetenz

sicheres Können 0 1 2 3 4 5 6 7 **8** 9 10
Das werde ich zuallererst tun, um mindestens **8** zu erreichen:
1.____

umfassendes Wissen 0 1 2 3 4 5 6 7 **8** 9 10
Das werde ich zuallererst tun, um mindestens **8** zu erreichen:
1.____

vielseitig einsetzbar 0 1 2 3 4 5 6 7 **8** 9 10
Das werde ich zuallererst tun, um mindestens **8** zu erreichen:
1.____

❑ Strategische Kompetenz

kann vernetzt denken 0 1 2 3 4 5 6 7 **8** 9 10
Das werde ich zuallererst tun, um mindestens **8** zu erreichen:
1.____

entwickelt eigene Ideen 0 1 2 3 4 5 6 7 **8** 9 10
Das werde ich zuallererst tun, um mindestens **8** zu erreichen:
1.____

besitzt FührungsPotential 0 1 2 3 4 5 6 7 **8** 9 10
Das werde ich zuallererst tun, um mindestens **8** zu erreichen:
1.____

7.2 Meine ServiceLeitlinien

- ❑ **Ich bin täglich dienstleistungsbereit!**
  Darauf achte ich besonders:

  ____

- ❑ **Ich denke und handle kundenorientiert!**
  Darauf achte ich besonders:

  ____

- ❑ **Ich bin ein starker Team-Player!**
  Darauf achte ich besonders:

  ____

- ❑ **Ich übernehme die volle Verantwortung für meinen Arbeitsbereich!**
  Darauf achte ich besonders:

  ____

- ❑ **Ich höre nicht auf, besser zu werden!**
  Darauf achte ich besonders:

  ____

- ❑ **Ich verdiene mir das Vertrauen Anderer!**
  Darauf achte ich besonders:

  ____

- ❑ **Ich arbeite für unseren gemeinsamen Erfolg!**
  Darauf achte ich besonders:

  ____

❑ **Ich erledige meine Aufgaben zügig, umsichtig, vollständig und hole mir eigen-verantwortlich die Informationen, die ich dazu brauche!**
Darauf achte ich besonders:

____

❑ **Ich übergebe Räume, Ausstattungen, Geräte, Unterlagen in dem Zustand, in dem ich sie gerne selbst vorgefunden hätte!**
Darauf achte ich besonders:

____

❑ **Ich verbrauche nicht mehr als notwendig, werfe nichts weg, was andere noch verwenden können!**
Darauf achte ich besonders:

____

❑ **Ich fülle nach, was ich verbrauche!**
Darauf achte ich besonders:

____

❑ **Ich versorge die Leute, die nach mir kommen, immer mit vollständigen Informationen!**
Darauf achte ich besonders:

____

❑ **Ich halte Vereinbarungen ein,**
bin immer mindestens 5 Minuten vor der Zeit!
Darauf achte ich besonders:

____

Viel Erfolg –
auf Ihrem Kurs zu neuen Zielen!

Vielen Dank
an alle meine Persönlichen DienstLeister!

Vielen Dank Ihnen, liebe Zeitungsboten, liebe Müll-Männer, liebe Post-Botinnen und -Boten, liebe Mitarbeiterinnen und Mitarbeiter bei meinem Bäcker, meinem Metzger, in meinem Lebensmittel-Markt, an meiner Tankstelle, bei meinem Steuerberater, meiner Sparkasse.

Vinzenz Baldus
www.die-serviceschule.de

Leitbetrieb

Starke Unternehmen zeigen Service!

servicesiegel

Leitbetrieb
Deutschland

Leitbetrieb
Österreich

Die ServiceMarke Leitbetrieb
... stellt auch Ihren Kundenservice in den Mittelpunkt!

Unter „Service - Servicequalität - Kundenservice"
international gefunden zu werden, ist das Ziel!

Die Vergabe der Wort-Bildmarke ist regional limitiert.

Das ServiceSiegel ermöglicht Kunden und Geschäftspartnern, den Träger als service-orientiertes Unternehmen auf einen Blick zu erkennen.

DIE SERVICE SCHULE

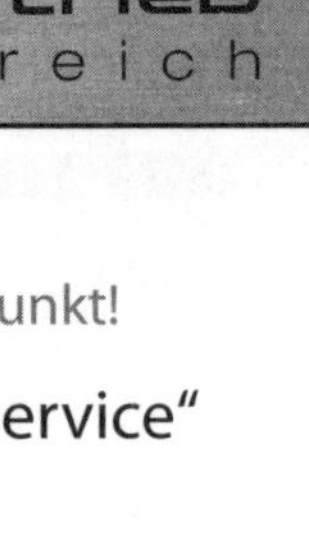

a member of:

EU akzepta-holding

Auch ServiceCoach **Vinzenz Baldus** ist mit seinem Institut **„Die ServiceSchule"** einer der begleitenden ServiceExperten!

www.leitbetrieb.com